KB252697

파인 세라믹스

「마법의 도자기」의 과학적 탐구

야나기다 히로아키 지음
박　순　자 옮김

ファイン・セラミックス

「魔法の陶磁」を科学する

B- 517 © 柳田 博明

日本國・講談社

이 한국어판은 일본국・주식회사 고단사와의 계약에 의하여
전파과학사가 한국어판의 번역・출판권을 독점하고 있읍니다.

《지은이 소개》

柳 田 博 明

1935년 생.
일본 도오꾜(東京)대학 대학원
화학계 연구과 박사과정 수료.
현재 : 도오꾜대학 공학부 공업
화학과 교수.
전공 : 세라믹스의 재료과학, 결
정과학, 전자물성.
수상 : 일본화학회 진보상, 요업
협회 학술상 등.
저서 : 『세라믹스의 과학』, 『세
라믹 센서』 등 다수

《옮긴이 소개》

朴 順 子

1933년 생.
서울공대 화공과 졸업, 동 대학
에서 공학박사 취득.
국립공업연구소 요업과 과장.
현재 : 서울공대 무기재료 공학
과 교수.
전공 : 전자요업재료.

머 리 말

인류는 지금, 제2차 석기시대를 맞이하고 있다고 한다. 돌이켜 보면 인류가 처음 문명을 갖게 된 것은, 천연의 돌을 깨뜨려 도끼와 화살촉 등의 연장을 만들 수 있게 된 석기시대부터이다. 문명은 인류가 철을 개발한 후부터 급속히 진전한다. 그리고 석유화학공업을 중심으로 한 1955년대 후반부터의 고도성장은 플라스틱이라는 재료의 개발이 그 기초가 되고 있다.

그러나 소재산업(素材產業)의 신장(伸長)이 여의치 않은 점, 또는 대량생산방식, 장치(裝置)산업형 공업에 대한 여러 가지 반성이 최근 10년쯤 사이에 심각하게 논의되기 시작하고 있다. 일본과 같이 자원이나 에너지의 혜택을 받지 못하는 나라(역자주: 한국도 마찬가지라고 생각한다)가, 무엇을 기반으로 삼아 살아나가야 할 것인가를 생각한다면, 마땅히 지식집약형의 기술이 그 역할을 수행하지 않으면 안 된다는 것을 알게 된다. 하지만 그 원동력으로서 금속과 플라스틱만으로는 약간 활력이 부족하다는 인상을 부인할 수 없다.

고도 경제성장에 대한 반성과 실망의 소리가 높아지는 동시에, 구세주의 출현이 기대되고 있다. 그 구세주로서 등장한 것이 세라믹스(ceramics), 즉 **인공석기**(人工石器)이다.

1982년 봄, 올 세라믹스 엔진의 시험 제작차가 달렸다. 스페

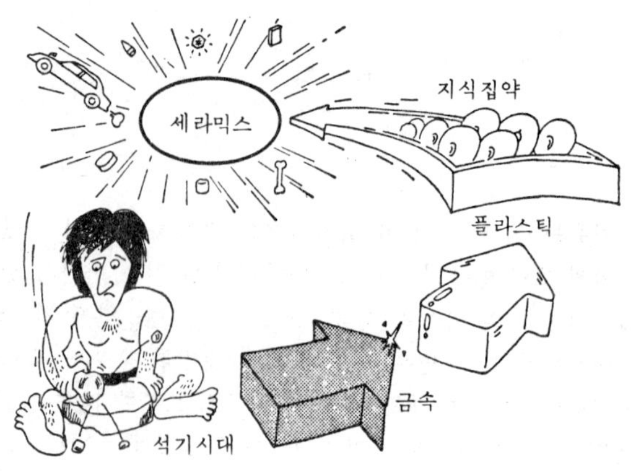

지식집약형 시대를 담당할 소재는「세라믹스」

이스 셔틀(space shuttle)이 몇번이나 대기권에 돌입할 수 있었던 것도 세라믹스로 만든 단열타일의 덕분이었다. 컴퓨터 붐의 숨은 힘은 집적회로(集積回路 IC)이며, 집적회로는 세라믹스로 만들어진 기판(基板)위에 형성되어 있다. 생맥주도 세라믹스로 만든 필터로 걸러낸 것이 더 맛이 있다고 한다. 게다가 뼈와 이(齒)도 세라믹스로 만들어지고 있다.

세라믹스—그것은「인위적으로 불을 써서 만든 **비금속 무기질 고체재료**(非金屬無機質固體材料)」라고 정의한다. 비금속 무기질 고체란 곧 돌이다. 재료라는 것은 물질을 사용목적에 맞추어 희망하는 형태, 즉 연장 또는 용기(容器)로 만든 것이다. 인위적으로 불을 썼다고 하는 것은 **인공**(人工)을 의미한다. 즉 세라믹스는 인공석기인 것이다.

4

비금속이기 때문에 녹슬 염려가 없다. 무기질이므로 불에 타지 않는다. 돌이기 때문에 단단하다. 인공이므로 희망하는 형태로 만들 수 있다. 따라서 세라믹스는

- 녹이 슬지 않는다.
- 타지 않는다.
- 단단하다.
- 희망하는 형상으로 만들 수 있다.

는 네가지 조건을 두루 갖춘 재료이다.

금속이나 플라스틱이 아무리 훌륭한 기능을 가졌다고 하더라도 녹이 슬거나, 불에 타거나, 흠이 생기는 따위의 조건 하에서는 아무 짝에도 쓸모가 없다.

천재아의 교육은 힘들다

한편 세라믹스는 단지 내성(耐性)만이 강한 재료는 아니다. 이 책의 곳곳에서 해설하듯이 다양성이 풍부한 뛰어난 기능을 가지고 있다. 더우기 잇달아 새로운 기능이 발견되고 있다. 마음씨 착하고 힘이 센, 성장함에 따라 더욱더 믿음직스러워지는 청년인 것이다. 틀림없이 구세주가 되리라고 많은 사람들이 기대를 걸고 있다. 예상되는 산업형태도 지식집약형의 것이다. 대형장치 앞에서 홀로 외로이 계기를 바라다보는 고독한 모습이란 이미 찾아볼 수 없을 것이다. 지적(知的)요구를 서로 자극해 가면서 생산활동을 한다는 인간적인 산업이 될 수 있을 것이다.

그러나 세라믹스에 대한 세상 사람의 꿈은 현실을 훨씬 앞질러가고 있어, 지나치게 부풀어 오른 감도 없지 않다. 꿈을 현실의 것으로 하기 위해서는 어떤 절차가 필요한가

를 알지 못하면, 언제까지고 꿈은 그대로 꿈으로만 남게 되다는 것에 대해 조만간 초조감마저 생길 것이다. 성미급한 사람들의 조바심의 축적은 낭패를 가져올지도 모른다. 큰 꿈을 안고 있는 사람, 또는 화제거리가 되고 있으니까 어김없이 뛰어난 재료일 것이라고 생각하고 있는 사람들이 과연 세라믹스란 무엇인가를 제대로 알고 있을까? 세라믹스를 사람에게 비유한다면, 그는 어떤 소질을 지녔으며, 장점을 살피려면 어떤 교육과 훈련이 필요하며, 단점을 보완하는 데는 어떤 사용방법을 택해야 하는가를 똑똑히 생각하고 있는 것일까?

세라믹스는 오랜 가문있는 집안에 태어난 천재아(天才児)다. 천재아를 키우는 데는 주위의 애정이 필요하다. 지금 세라믹스는 소년기를 맞이하고 있다. 천재의 편린(片鱗)이 여러 곳에서 엿보이기 시작했기 때문에, 그에 대한 기대는 점점 부풀어가며 높아지고 있다. 아직 만나본 일이 없는 사람도, 평판만 듣고 동경심마저 품고 있다. 그러나 너무 애지중지하면 이 천재는 충분히 그 재능을 뻗기도 전에 자만심을 일으켜 성장이 멎고 말 것이다. 무턱대고 응석을 받아주어서는 안된다. 성장하지 못하는 천재는 노력형의 평범한 아이보다 더 다루기 힘들게 되어버릴 것이다.

한편, 천재아에 대한 시기도 은연 중에 있다. 노력형의 인간에 대한 교육방법을 완고하게 적용하여, 천재아를 평범한 아이의 틀에 박아넣으려는 세력도 아직은 뿌리깊이 도사리고 있다는 사실을 알아야 한다. 단점을 교정하라고 강요하며, 더우기 인간의 평가를 단점의 조목조목을 들어 평가하도록 유도한다면, 세라믹스는 열등생으로 자라버리게 된다.

「세라믹스」는 겨우 소년기를 맞이했다

천재아는 약하다. 세라믹스도 약한 것이다. 철은 녹이 슨다. 그러나 인류는 철과 더불어 긴 역사를 걸어왔고 그 결점을 그리 두드러지게 드러내지 않고 사용할 수 있는 노우·하우(know-how)를 축적해 왔다. 그 축적이 상식으로 정착되어 있다. 세라믹스의 결점을 커버하는 사용방법의 지혜는 아직도 많이 축적되지 못했다. 세라믹스가 진정, 새로운 시대를 쌓아올려 갈 것인지? 그것은 세라믹스라는 천재아를 키워나가기 위한 노우·하우를 착실하게 축적할 수 있느냐 없느냐에 달려 있다. 조바심은 금물이다. 시기에 굴복해서는 안된다. 그러려면 무엇보다도 애정이 필요하다.

필자는 세라믹스를 더없이 사랑하고 있다. 무엇보다도

개성이 풍부하고, 재능이 가득차게 키워나가는 일, 또는 자라는 것을 관찰하는 것이 즐겁기 때문이다. 세라믹스의 소질의 풍부성, 그 깊이는 어디까지 파고 들어가도 다 밝혀낼 수 없을 만큼 심오하며, 그 너비는 우주의 팽창과도 비유할 수 있을 만큼 급속히 트이고 있다. 한편으로는 단순한 이해를 거부하는 복잡성도 있다. 변덕스러움도 있다. 도저히 〈물질〉이라고는 볼 수가 없다. 마치 생물과도 같다.

이 책에서는 왜 세라믹스가 제2차 석기시대의 기수(旗手)로서 기대를 받게 되었는가, 세라믹스의 응용이 기대되는 범위와 세라믹스의 특질과의 관련, 세라믹스 개발이 앞으로 나아갈 길 등에 대해 되도록 기초원리에서부터 해설해 보려고 생각한다.

차   례

제 1 장
새로운 석기시대의 개막

1. 세라믹스의 두 조상, 두 줄기의 족보

조상은 어느 쪽인가?

인류가 최초로 손에 넣은 연장은 석기였다. 석기의 소재는 물론 돌이다. 사용된 연장이나 소재로써 그 문명을 특징지을 수 있기 때문에 이 시대를 석기시대라 일컫는다.

그런데 연장의 **기능**은 크게 둘로 나눌 수가 있다. 하나는 석기로 만들어진 화살촉이나 도끼처럼 다른 소재를 「가공」하는 것이고, 다른 하나는 「용기(容器)」로서의 기능이다. 석기시대 중기 무렵에 인류는 점토를 항아리모양으로 성형하여 이것을 불에 구워 「용기」로 쓸 수 있게 만들었다. 이것이 곧 **토기**(土器)이다.

석기는 용기로는 쓸 수가 없었고 반대로 토기는 가공용 공구로는 쓸 수가 없었다. 석기와 토기는 기능 상으로 나누어져 있었다. 즉 석기시대 중기 이후는 정확하게 말하여 토기·석기시대라 일컬어야 마땅할 것이다.

여기서 주목할 일은 토기도 석기도 그 소재가 비금속 무기질 고체라고 하는 점이다. 석기는 주로 천연의 유리 [흑요석(黑曜石)]로 만들어진 것이다. 이 흑요석은 불을 사용하여 만들어지긴 하였으나 그 불은 천연의 것이었다. 따라서 기술적으로 본다면 세라믹스(ceramics)가 아니다. 이에 대해 토기는 인위적인 불을 사용하고 있으므로 기술적으로 본다면 세라믹스이긴 하나 완성된 것이 단단하지 않았다. 즉 돌이 되지 못했다. 후에 자세히 언급하겠지만 현대의 세라믹스는 기술적으로는 토기에서부터 출발했으면서도 완성된 것은 단단하다. 이런 의미에서는 그 성질의 조상은 석기라고 말할 수 있다.

그러나 돌이라고 하는 소재를 사용하여 연장을 만드는 기술은 생각했던 만큼 발전하지 못했다. 돌은 가공이 너무 힘들었던 것이다. 연장의 소재로서 갖추어야 할 조건의 하나에 「성형의 용이성」이 있다. 이런 점에서는 토기가 석기보다 뛰어났다. 그러나 점토를 물로 반죽하여 병이나 남비 등의 모양을 만들어 불에 구워 굳힌 것은, 자칫 거칠게 다루면 깨어지거나 물이 새기도 했다.

이 두 가지 큰 결점을 보완하기 위해 인간은 여러가지로 궁리했다. 그리고 갖가지 시행착오를 거듭한 끝에 깨지기 쉬운 것은, 굽는 온도가 너무 낮기 때문이라는 것을 알아내었다. 그래서 우선 온도를 높이기 위하여 토기를 그저 불에 쬐이는 것이 아니라, 열이 빠져나가지 못하게 주위를 둘러싸야 했다. 이 울타리가 곧 가마(窯)다. 이 가마 요(窯)라는 한자는, 양(羊)을 굴(穴)속에 넣고 불(火)로 굽는다는 뜻으로 되어 있다. 양을 굴 속에 넣어 불로 구으면 그 질이 먹을 수 있게 변화한다. 그러나 열처리를 받아도 그 형태는 변화하지 않기 때문에 양의 통구이가 만들어진다. 마찬가지로 점토를 물로 반죽하여 빚은 형상은 그대로 보존된 채 질만이 바뀌어지게 되는 것이다.

가마 속에서 비금속 무기물질을 열처리하여 만든 제품을 세라믹스라 하고, 세라믹스를 만드는 산업을 요업(窯業)이라 하며, 이것은 현재도 변함이 없다. 요(가마)라는 글자는 세라믹스에 있어서 형상의 중요성을 가리키는 매우 흥미로운 상형문자이다.

두번째의 연구는 유약(釉藥)이다. 어느 때였는지는 몰라도 성형한 점토표면에 우연히 재(灰)를 뿌려 가마에서 구어 보았다. 그러자 토기의 표면이 매끈해지고 물도 새지 않게 되었다. 이 재가 이른바 유약의 시초이다.

열처리온도를 높이고 유약을 칠함으로써 토기는 품질이 향상되고, 또 여러가지 기술이 더하여져 도기(陶器)로 발전했다.

재료는 순환한다

천연의 돌과 흙 다음으로 인류가 얻어낸 소재는 금속이었다. 금속은 늘이거나 구부리거나 또 접합(接合)시킬 수도 있다. 「성형의 용이성」에서는 돌보다 훨씬 뛰어났다. 더우기 완성된 용기는 토기와 비교하여 월등히 강했다. 석기도 토기도 각각 「가공」과 「용기」 중 하나의 기능 밖에는 지니지 못한데 비하여, 금속연장은 그 양쪽 기능을 두루 갖추고 있었다.

그 중에서도 철의 역사는 수천 년에 이른다. 인류의 문명은 현대까지 철을 중심으로 하여 발달해 왔다고 하여도 지나친 말은 아니다. 철에도 많은 결점이 있었다. 그러나 사람들은 이것을 보완할 수 있는 슬기를 오랜 세월에 걸쳐 축적해 왔기 때문에 지금에 와서는 철에는 거의 결점이 없는 것처럼 착각할 정도에 이르렀다. 재료에 관한 현대의 상식은 철을 기준으로 삼고 있다고까지 말할 수 있다.

「성형의 용이성」을 더욱 더 추구하여 개발된 재료가 플라스틱이다. 플라스틱이란 **가소성**(可塑性)을 의미한다. 가소성—이는 힘을 가하면 변형하고, 힘을 제거하더라도 변형된 형상이 그대로 남는 성질을 말한다. 플라스틱으로 만들어지는 형태는 필름, 섬유, 다공질체(多孔質体), 중공체(中空体) 등 극히 다양하다. 재료개발의 하나의 계보(系譜)

14

가 이 석기→철기→플라스틱으로 이어져 오는 과정에서 「성형의 용이성」을 추구했던 것이다.

플라스틱의 개발은 1955년대 후반부터의 고도경제성장을 지탱하는 원동력이 되었다. 플라스틱의 개발을 위하여 많은 인재와 자금이 투입되었고 이의 이용을 위한 노우하우가 짧은 기간에 철과 맞먹을 정도로 축적되었다.

그런데 재료개발의 또 하나의 계보로서 「품질의 향상」이 있다. 녹이 스는 결점이 있는 철을 녹슬지 않게 하는 연구가 스텐레스강(stainless steel)의 개발로 이어지고, 또 고온에서도 사용할 수 있게 한 것이 내열합금(耐熱合金)이었다. 그러나 스텐레스나 내열합금도 니켈(Nickel), 코발트(Cobalt), 니오븀(Niobium)등 값이 비싼, 자원적으로 많지 않은 금속을 사용하여야 한다. 그리고 아무리 집중적인 노력을 기울여도 고온에서 금속에 녹이 스는 성질을 없애지는 못했다. 이제는 막대한 노력을 쏟아넣더라도 신통치 않은 결과밖에는 더 얻어질 것이 없다는 단계에까지 기술개발이 진행되었다.

또 플라스틱은 불에 타고 홈이 생기기 쉬운 결점이 있다. 이것에 대해서도 난연성(難燃性)으로 하는, 또 되도록 높은 온도에서도 연화(軟化)되지 않게 하는, 즉 단단하게 만드는 노력이 기울여졌다. 그리하여 상당한 진보를 볼 수 있었으나 유기물이 본질적으로 고온에서 사용될 수 없다는 단점까지 제거할 수는 없었다.

모순되는 요구가 기술을 낳는다

「성형의 용이성」과 「품질향상」의 추구는 두 가닥의 레일처럼 어디까지 가더라도 교차하지 않는 것처럼 보였다.

품질의 향상
내식성(녹이 슬지 않는다)
경질성(단단하다)
내열성(타지 않는다)
비금속의 무기질고체
출발
석기
토기
도자기 제조법
세라믹스
강도
철기
성형의 용이성
플라스틱 (가소성)
금속
고온에서 사용 가능
녹이 슬지 않는다
내열합금
스텐레스
경화
난연화

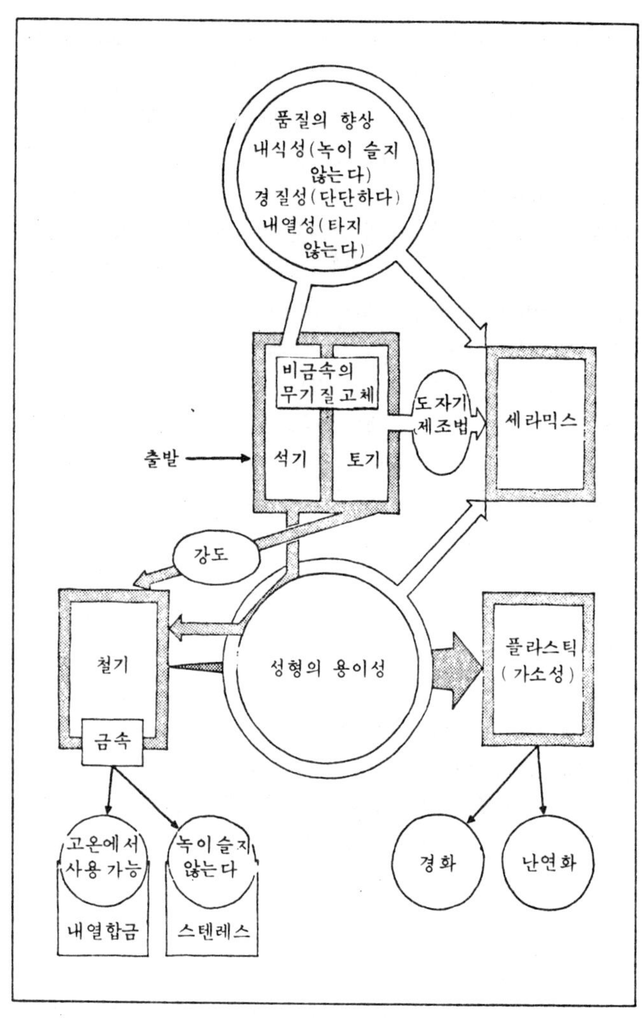

모순은 세라믹스의 산모

플라스틱처럼 형상을 만들기 쉬운 소재에는 내열성과 경질성(硬質性) 등의 기능을 바랄 수가 없다. 금속도 녹이 슬기 마련이다. 이에 대해 석기는 단단하고 녹슬지 않는 특성을 지니고는 있으나 성형이 힘들다. 그렇다면 어떻게 하면 좋을까? 기술이란 이 모순되는 두 가지 요구를 극복하는 지혜를 개발하는 일이다. 성질은 그 소재가 어떤 물질인가에 따라 결정된다. 금속 또는 플라스틱에서는 아무리 애를 써도 내열성(타지 않는), 내식성(녹이 슬지 않는), 경질성(단단한)이라는 특성을 만들어내지 못한다. 요컨대 이 모순을 해결하는 데는 원래 이와 같은 특성을 지닌 소재에 어떻게 해서든 「성형의 용이성」을 아울러 지니게 하면 되는 것이다. 이런 소재가 바로 비금속의 무기질 고체이며, 이런 모순을 극복하여 만들어진 제품이 바로 현대의 세라믹스이다.

세라믹스기술의 원점은 전술한 바와 같이 토기에 있다. 기술은 가마의 개발이나 유약의 발견 등으로 점차 향상되어 왔다. 그리고 인류는 이윽고 고급도자기를 손에 넣게 되었다.

2. 파인 세라믹스의 탄생

원료의 삼요소

이제 기술은 토기→도기→자기로 진보되어 왔으나 그 원료인 소재를 자세히 살펴보면, 물질적으로는 규석(硅石), 점토(粘土), 장석(長石)의 세 가지로 분류할 수 있다. 규석은 화학성분 상으로는 무수규산(SiO_2)이다. 무수규산은 불산(弗酸) 이외의 산에는 침식되지 않으며 알칼리와도 고온으로 처리하지 않는 한 반응하지 않는다. 그리고 적당히 단단하기도 하다. 즉 내열성이나 내식성 또 경질성이라는 세라믹스의 특징을 모두 갖춘 뛰어난 물질이다. 그러나 규석만으로는 원료분말을 물과 반죽하더라도 항아리와 같은 형상을 만들 수가 없다. 이것에는 점토와 같은 성형성(成形性)이 없기 때문이다. 설사 형태가 만들어졌다고 하더라도 건조하면 다시 부서져 가루가 되어 버린다. 성형성을 부여하기 위해서는 점토가 필요하다. 점토는 화학성분 상으로 보면 SiO_2, Al_2O_3, H_2O로 되어 있고 그림과 같이 층상(層狀)으로 되어 있다.

층과 층 사이로 물이 들어가면 미끄러지기 쉬워진다. 즉 힘을 가하면 미끄러져서 형상을 바꿀 수 있고, 힘을 제거하더라도 그 형상은 그대로 남는다(이것을 **가소성**이라고 한다는 것은 플라스틱을 설명하였을 때 해설한 바 있다). 건조하면 층과 층 사이의 결합이 강해져서 성형된 형상이 그대로 보전된다. 이 단계에서 깎고 구멍을 뚫는 등, 가공을 할 수 있기 때문에 비교적 복잡한 형상을 만들 수 있고 또 어느 정도의 정밀한 치수제어도 가능하다.

그렇다면 이 성형체를 가마 속에 넣고 열처리를 하면 원하는 형상의 도자기가 얻어지느냐고 하면 그것은 그리 간단하지 않다. 규석과 점토로 만든 형상은 고온이 되면 부서져 가루가 되어 버린다. 이것을 방지하기 위해서는 고온에서 점성(粘性)이 있는 액체가 되는 성분을 가해 줄 필요가 있다. 고온에서 이 액체로 적셔진 가루를 상온까지 식히면 서로 단단하게 결합한다. 이 결합을 가리켜 소결(燒結)이라 부르고, 천연광물 중에서는 장석이 이 역할을 하고 있다. 장석에도 여러 종류가 있으나 정장석(正長石)

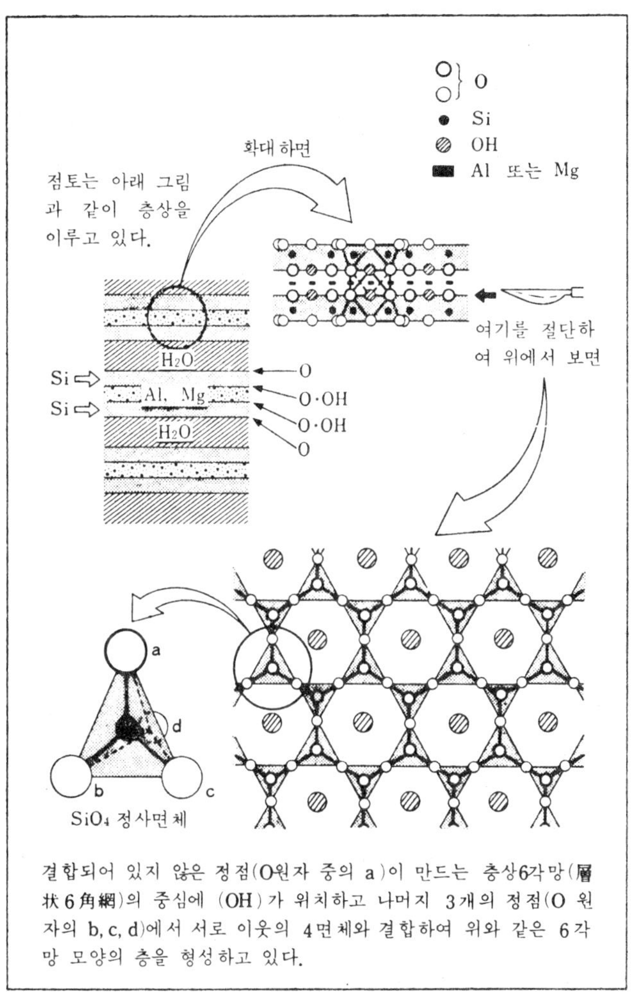

결합되어 있지 않은 정점(O원자 중의 a)이 만드는 층상6각망(層狀6角網)의 중심에 (OH)가 위치하고 나머지 3개의 정점(O 원자의 b, c, d)에서 서로 이웃의 4면체와 결합하여 위와 같은 6각망 모양의 층을 형성하고 있다.

점토의 비밀은 층상(層狀)구조에 있다

이라 불리는 것의 화학성분은 SiO_2와 Al_2O_3, 그리고 알칼리성분인 K_2O이다.

이렇게 본다면 도자기를 만들기 위해서는 골격성분이 되는 규석과 성형을 위한 점토, 소결을 위하여 가해지는 장석, 이들 세 가지 요소가 없어서는 안된다는 것을 알게 된다. 천연에 산출되는 좋은 원료란, 이 세 가지 요소가 적당한 비율로 섞여진 것이라 하겠다. 대체로 이름난 도자기 고을이란 이와 같은 요소를 갖춘 원료가 많은 곳이며, 삼요소의 필요성을 거의 의식하지 못하고 지내왔다고도 할 수 있다.

꼭 필요한 것은 오직 하나

그러나 이 중에서 꼭 필요한 요소는 무엇인가? 다시 한 번 잘 생각해 보기로 하자. 그것은 오직 골격성분뿐이다. 요컨대 골격요소만으로는 「형상을 부여」할 수 없기 때문에 부득이 성형요소로서의 점토와 소결요소로서의 장석을 더했던 것이다.

삼요소를 혼합하여 얻어진 것은 「용기」로서의 기능이었다. 골격요소인 규석이 갖는 「고온에 견딘다」 「약품에 침식되지 않는다」 「단단하다」는 특성은, 형상을 부여하기 위한 두 요소에 의하여 손상되고 말았다.

소결에는 고온에서 점성액체가 되는 장석의 존재가 불가결하였으나, 그것은 다시 고온으로 하여 힘을 가해주면 변형해 버림을 뜻한다. 소결을 촉진시킨다는 것이 내열성을 저하시키는 모순을 안고 있는 셈이다. 세 가지 요소를 혼합하여 만든 제품은 충분한 단단함과 세기도 갖고 있지 못하다. 도저히 가공공구로는 될 수가 없다. 즉 「인공」이

나머지 둘은 결국 방해물

기는 하나 「석기」로는 되지 못했던 것이다.

알루미나가 연 새로운 시대

금속도 아니고 유기물도 아닌 물질의 종류는 상당히 많다. 그러나 도자기에 사용되고 있는 것은 극히 일부의 규산염(주성분으로 SiO_2를 함유한 것)광물 뿐이었다. 이 일부의 규산염만이 「형상을 부여」할 수 있었기 때문이었다.

그러나 여기서 제자리걸음을 하고 있어서는 「석기」를 인공으로 만드는 따위는 도저히 불가능했다. 그래서 규석 이외의 물질을 골격요소로 사용하는 일이 시도되었다. 그 선두타자가 알루미나(산화 알루미늄)이었다. 물론 이것이 처음으로 시도되었을 무렵에는, 알루미나의 가루만을 성형하여 소결한다는 것은 불가능하였으므로 나머지 두 가지 요소가 되는 성분을 첨가하지 않으면 안되었다. 그러나 이렇게 하여 얻어진 소결체는 예상한 바와 같이 다음과 같은 특성을 지니고 있었다.

「충분한 경도(硬度)가 있으며 다른 재료를 깎을 수 있다」 즉 석기로서의 기능이 얻어진 셈이다.

제1차 석기시대의 석기가 천연의 돌을 소재로 하고 있는데 대하여, 여기서는 가루를 다져서 형상을 만들고, 인위적인 열처리를 하여 돌로 만들었던 것이다. 만드는 방법은 토기(그리고 도자기)의 방법을 사용했고, 얻어진 재료는 석기로서의 기능을 가진, 말하자면 석기와 토기가 합쳐진 「인공석기」가 마침내 완성된 것이다. 이 시점을 제2차 석기시대의 개막으로 설정할 수 있을 것이다.

그러나 이 단계의 인공석기에는 「형상을 부여」하기 위해 점토와 장석 또는 이것을 대신할 성분이 가해지고 있었다. 순수한 알루미나는 「단단하다」는 성질 외에도 「고온에 견디는」 「약품에 침식되지 않는」 「전기를 통과시키지 않는」 「열을 잘 전하는」 「빛을 투과시키는」 등의 많은 뛰어난 성질을 지니고 있다. 그러나 이들 특성은 특히 소결을 위해 가해지는 장석에 의하여 그 대부분이 손상당하고 있었다. 장석은 고온에서 입자와 입자 사이를 적셔줌으로써 소결을 돕고 있는 것이므로, 처음부터 「고온에 견디는」 성질은 기대할 수 없으며, 장석에 함유되는 알칼리 성분은 산에 침식되기 때문에 「약품에 침식되지 않는」 성질도 상실되고 만다. 이 알칼리 때문에 전기도 통하기 쉬워진다. 현재 우리는 알루미나가 IC(집적회로)의 기판(基板) 재료로서 바로 정보화(情報化)시대의 기반(基盤)이 되고 있음을 알고 있는데, 이는 알루미나의 「전기를 통과시키지

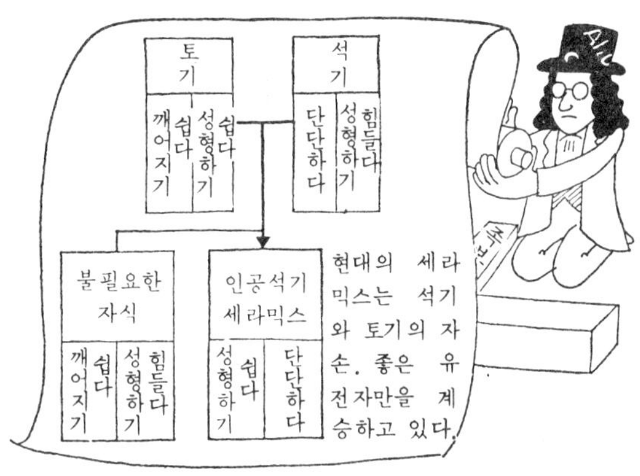

현대의 세라믹스의 족보

「않는」 성질이 살아있기 때문이다.

초기의 인공석기인 가공공구로서의 알루미나로부터 현재의 IC기판으로서의 알루미나에 이르기까지에는 도대체 어떤 일이 일어났을까?

파인화(化)된 원료

알루미나소결체의 「전기를 통과시키지 않는」 성질을 회복시키기 위해서는, 어쨌든 순도를 높이지 않으면 안되었다. 바꿔 말하자면 소결을 위해 가해지고 있던 장석을 제거해야만 했다. 그러나 그것을 제거해 버리면 소결하지 않게 된다. 「형상을 부여」하는 것과 「성능을 좋게 하는」 것과는 여기서도 상반되는 요구로서 대립되었다.

그러나 기술의 개발은 드디어 해결수단을 찾아내었다.

원료의 순도를 높여주고 원료분말의 입자를 미세하게 하는 것이다. 원료는 이 두 가지 점에서 파인화(fine化)된 것이다.

현재 사용되고 있는 알루미나의 원료입자의 지름은 대체로 0.2마이크론[마이크론보다 작으므로 서브마이크론(sub micron)이라 부른다]이다. 소결을 돕기 위한 성분을 가해주고 있던 무렵의 입자의 지름은 10마이크론 정도이었다. 불순물의 함유량도 수% 정도이었던 것을 두 자리수 정도 적게 할 수 있었다.

고순도의 미립자원료를 정밀하게 성형하여 잘 제어(制御)된 소성법(燒成法)으로 소결시켜, 고도의 치수정밀도를 가지게끔 만들어진 제품으로, 고순도물질이 갖는 뛰어난 특성의 대부분을 거의 다 살릴 수 있게 된 것을 「파인 세라믹스」(fine ceramics)라 부른다. 파인 세라믹스란 말은 오래 전부터 쓰여 왔고, 정교하며 치밀한 자기(그것도 특히 미술적인 가치가 높은 것을 말한다)를 의미하고 있었다. 현대의 파인 세라믹스는 옛날의 파인 세라믹스가 가졌던 의미에서 정교하고 치밀하다는 어감(語感)을 계승하고 있다.

최후까지 살아남을 것은 무엇일까?

알루미나가 본래 가지고 있는 특성을 IC기판보다 더욱 잘 살리고 있는 것으로, 고속도로를 노랗게 비추어 주는 나트륨 램프용 튜브재료(79페이지 참조)가 있다. 여기서는 「열에 강한」 「홈이 생기지 않는」 「약품에 침식되지 않는」 「전기를 통과시키지 않는」 「열을 잘 전달하는」 「빛을 투과시키는」 등등의 모든 성질이 잘 살려져 있다.

알루미나를 사용하여 물질이 갖는 훌륭한 특성을 살리기

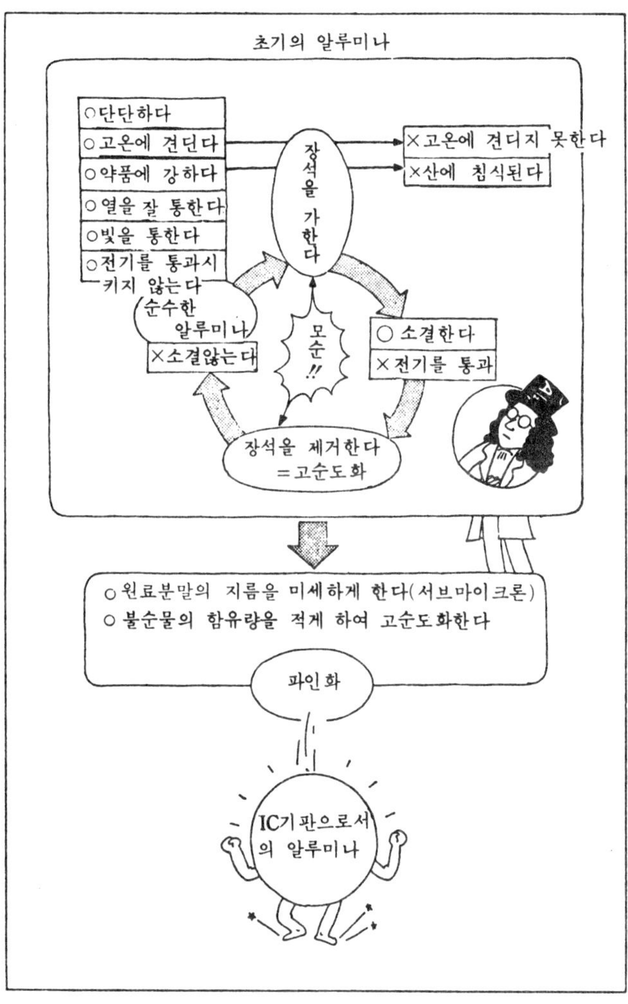

알루미나는 파인화로 소생하였다

위한 기술이 한번 개발되자, 당연히 다른 물질에도 이들 기술을 적용하여 새로운 재료를 만들어 내고자 하는 시도가 행하여지고 있다. 현재는 그림에 나타난 바와 같이 실로 많은 물질이 파인 세라믹스화되어 있다. 그 기능도 전기적인 것에서부터 광학적인 것, 생물 또는 화학적인 것, 열적인 것 등으로 매우 광범하게 걸쳐 있다. 주로 활용되고 있는 특질에 따라 파인 세라믹스를 몇 개 부문으로 분류할 수 있다.

「열에 강하다」「흠이 생기지 않는다」「약품에 침식되지 않는다」고 하는 기본적인 특성을 철저하게 살리려고 하는 것이 내열강도재료(耐熱强度材料)로 사용되는 세라믹스이다. 자동차엔진을 비롯한 열기관재료를 세라믹화함으로써 열기관의 작동온도를 금속을 사용하는 경우보다 높여 줄 수

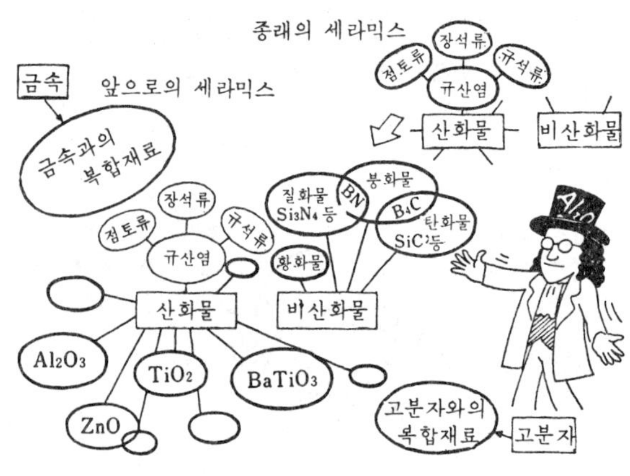

물질면에서 본 세라믹스의 퍼짐

가 있다. 그렇게 하면 열에너지를 기계에너지로 변환하는 효율이 커지고, 그 결과 수10%에 달하는 에너지를 절약할 수 있을 것이다. 「홈이 생기지 않는다」 「약품에 침식되지 않는다」는 성질을 살린 것이 생체용(生体用) 세라믹스이다. 인공치근(人工歯根), 인공관절(人工関節)의 재료로서 충분한 강도를 지녔고, 생체 내에서 금속이나 고분자보다 안정하며, 주위의 생체조직에 대한 나쁜 영향도 적다. 세라믹스의 특유한 「열에 강하다」 「홈이 생기지 않는다」 「약품에 침식되지 않는다」고 하는 기본적 특성 외에도 「뛰어난 전기적, 광학적 특성」을 가진 재료가 많다. 고온이나 부식성이라는 가혹한 조건에서도 쓸 수 있는 전기·광학재료로서는 세라믹스만이 살아남는다. 특히 이 영역에서는 최근 수많은 새로운 재료가 발견되어, 새로운 시스팀의 전개도 보게 되었다. 새로운 물성(物性)이 새로이 개발된 재료에서 생겨나기 때문에, 파인 세라믹스는 새로운 재료를 찾는 적극적인 의욕을 엿볼 수 있는 분야이다.

전술한 파인 세라믹스의 개발은 물질이 본래부터 지니고 있는 뛰어난 특성을 손상시키지 않게 하자는 것이 중심과제가 되어 있으므로, 이 전기, 광학재료 분야의 세라믹스에 비교한다면, 오히려 수세(守勢)에 놓인 것처럼 보여진다. 그래서 적극적으로 새로운 물질을 탐색하여, 지금까지 알려지지 않은 새로운 특성을 낳게 하려고 만들어지는 세라믹스를 가리켜, 파인 세라믹스와 구별하여 어드밴시드 세라믹스(advanced ceramics)라 부르기도 한다.

세라믹스의 미래는 아직도 더욱더 확대되겠지만, 현재까지의 용도와 요구되는 기본특성들을 요약하여 표로 제시하면 아래와 같다.

세라믹스의 용도와 요구되는 기본특성

용 도	기술적 배경	기본적 요구 특성	응용례	비 고
수렵	천연의 돌	경질성	돌도끼, 화살촉	제 1 차 석기시대
용기	• 규산염에 의한 형상 부여성의 확보	형상 부여성	도자기	전통적인 세라믹스
공작 기계	• 규산염 이외 물질의 소결 기술의 개발	경질성	세라믹스 공구	뉴 세라믹스(제 2 차 석기시대의 개막)
에너지 관련	• 세라믹스의 기본 특성을 형상부여를 위해 희생하지 않아도 되는 기술의 화립	• 세라믹스가 갖는 기본적인 3특성 (내열성, 경질성, 내식성)	• 열효율이 높은 엔진부 재료	파인 세라믹스
생체·생물화학 관련	위와 같음	• 내식성(생체와의 친화성) • 경질성(강도)	• 인공치근	위와 같음
정보통신 관련	• 위와 같음 • 물질 및 구조의 종류의 다양화 • 새 구조·물성의 발견	• 전자기적·광학적 기능	• IC기판 • 페라이트 • 콘덴서 • 반도체 • 저항 발열체 • 센서 • 광파이버	어드밴시드 세라믹스

제2차 석기시대의 풍경 (1)

─세라믹스 오디오의 탄생─

플레이어 : 곡의 픽업에 한몫
자기테이프는 세라믹스의 침상 결정
집적회로
세라믹스 필터
세라믹스 콘덴서
세라믹스 변압기
점점 더 소형화,
고성능화된다.
레이저 디스크 탄생

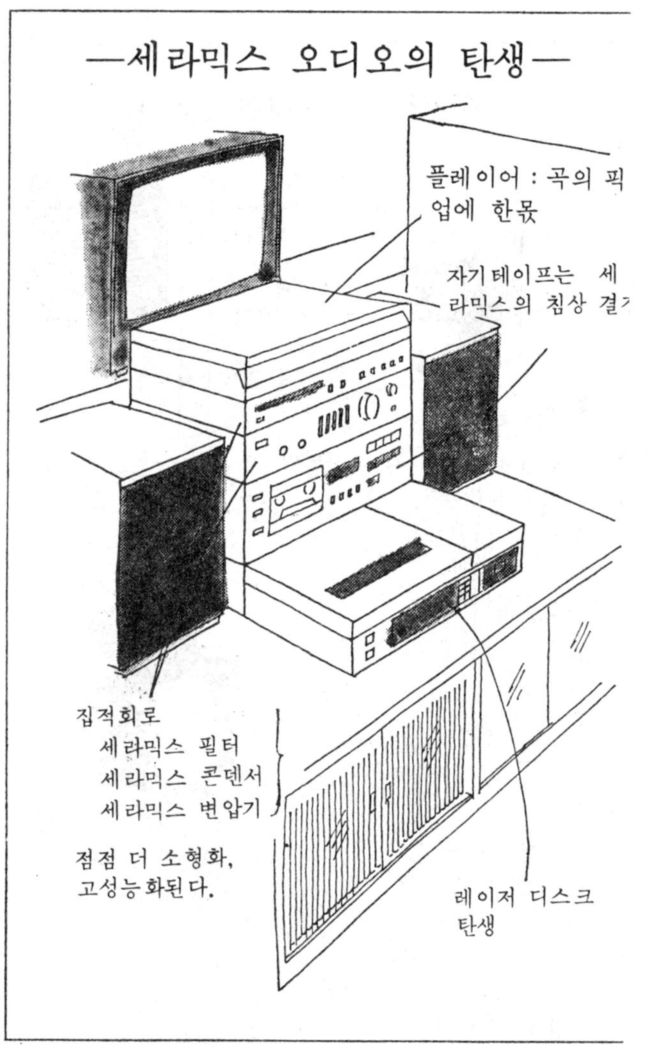

제 2 차 석기시대의 풍경 (2)
―에너지 절약형 사무실―

제 2 장
다채로운 전자적 기능의 응용

1. 유전성을 이용한 제품

유전성·도전성

1982년 봄은 세라믹스로 개막되었다. 제 1 장에서 소개한 세라믹스의 갖가지 기능은 우리 주변에서 크게 활약하기 시작하고 있다. 여기서는 그 중에서도 전자적(電子的) 기능을 응용한 것을 살펴 보기로 하자.

재료를 전기적인 특성으로 분류하면 크게 유전성(誘電性)의 것과 도전성(導電性)의 것으로 나눌 수 있다. 유전성이란 재료에 전압을 가할 때, 재료 속의 양 또는 음의 전하가 평형위치(平衡位置)에서 근소하게 벗어나고, 전압을 제거하면 다시 본래의 평형위치로 되돌아가는 성질이다. 따라서 전압을 가하는 순간에만 근소한 전류가 흐르고, 전압을 계속 가하더라도 전류는 계속해서 흐르지 않는다. 그리고 전압을 제거하는 순간에는 가했을 때와는 역방향의 전류가 흐른다. 전압을 가할 때에 흐른 전기량 Q_+와 전압을 제거할 때 흐르는 역방향의 전기량 Q_-는 서로 같다. 이것에 대해 도전성이란 전압을 가하고 있는 동안에는 계속하여 전류가 흐르는 성질이다.

먼저 유전성을 이용하는 것부터 살펴 보기로 하자. 그 대표적인 것은 뭐니뭐니해도 집적회로용 기판일 것이다.

IC 기판의 요구

대량의 정보를 고속으로 처리하는 소자(素子)로서 집적회로가 만들어지고 있다. 회로는 전기적 성질을 제어(制

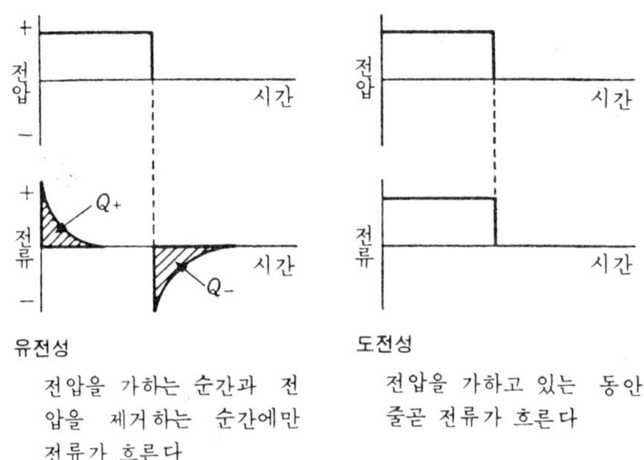

유전성
전압을 가하는 순간과 전압을 제거하는 순간에만 전류가 흐른다

도전성
전압을 가하고 있는 동안 줄곧 전류가 흐른다

유전성과 도전성

御)한 실리콘(규소 Si)의 미세한 패턴(Pattern)으로 형성되고 있는데, 이 회로를 지탱해 주고 있는 것이 절연성의 기판이다. 기판재료로서 요구되는 특성은 다음과 같이 참으로 엄격한 것이다. 미세하고 정밀한 패턴을 형성할 수 있도록 질이 균일하여야 되고 평활한 면이 얻어져야 할 것과, 천공(穿孔), 홈파기 등의 정밀가공이 가능할 것, 절연성(특히 고주파에서의)이 우수할 것, 회로에 흐르는 전류에 의한 발열을 신속히 제거하기 위해 충분한 전열성(傳熱性)을 지닐 것, 회로와의 적성이 잘 맞을 것(회로가 기판에서 벗겨져 떨어져 나가지 않게 실리콘과의 열팽창률의 차가 작을 것) 등의 조건을 충족시키지 않으면 안된다.

　지금까지의 재료 중에서 가장 뛰어난 것은 에폭시(epoxy) 등의 플라스틱이다. 그러나 플라스틱은 전열성이 나빴다

소결체에는 입계가 있으므로 열이 전도되기 어렵다

그래서 사용되기 시작한 것이 파인 세라믹스 중에서도 가장 역사가 오랜 알루미나이었다.

알루미나의 전열성은 에폭시의 약 30배나 된다. 더우기 석유가 나지 않는 일본같은 나라에서도 원료의 안정공급이 가능하다는 데서 알루미나기판의 기술이 점차 진보하여 현재는 일본이 세계 시장을 거의 독점하고 있는 형편이다.

알루미나보다 더 전열성이 좋은 기판으로 앞으로의 발전이 기대되고 있는 물질에는 다음과 같은 것이 있다.

먼저 단결정(單結晶)알루미나[이것을 사파이어(Sapphire)라고 부른다]가 있다. 소결체는 아무리 치밀하다고 하더라도 입계(粒界)가 존재하여, 열전도(熱傳導)가 이 입계에서 저해된다. 이 입계를 없애려면 단결정화(單結晶化)할 필요가 있다. 단결정의 열전도율은 소결체보다 4배 정도 크고,

면의 평활도(平滑度)도 훨씬 좋아지며, 회로의 미세 패턴
화가 가능해진다. 그러나 단결정에 있어서는 집적회로기
판으로 알맞는 박판(薄板) 형태를 얻기 힘들다. 박판 상의
사파이어를 만드는 방법으로는 EFG법(제조기술, 144페이지
참조)이 있는데 그렇더라도 표면은 연삭(研削), 연마가공을
하여 매끄럽게 할 필요가 있다.

다음으로 기대를 걸만한 것이 탄화규소이다. 이 물질은
본래 전열성이 알루미나보다 수십배 좋고 더우기 단단하
기 때문에 정밀가공이 가능하며 또 열팽창률이 실리콘(sili-
cone)에 가깝다는 이점이 있다. 다만 반도성(半導性)이라
는 것과 치밀하게 소고(燒固)시키기가 아주 곤란하다는 결
점이 있었다. 그러나 수% 정도의 베릴리아(beryllia ; 산화

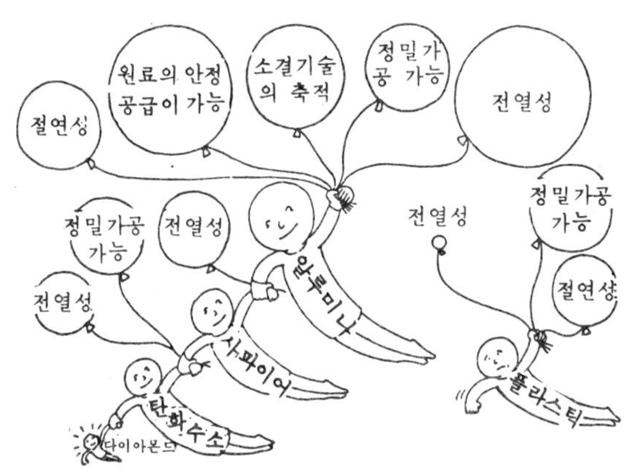

궁극적인 소재는 다이아몬드

베릴륨)를 첨가하여 압력을 가하면서 가열하는 방법(hot press)으로 소고시킴으로써 전열성, 절연성을 겸비한 치밀한 재료가 최근 얻어지게 되었다. 전열성이 알루미나보다 뛰어나므로 알루미나기판을 사용하는 집적회로보다 더 집적도(集積度)를 높일 수 있을 것으로 기대된다.

열전도율이 가장 좋은 물질은 다이아몬드(열전도율이 탄화규소의 수배)이다. 다이아몬드는 절연성에도 뛰어나므로 기판재료로는 최고의 성질을 지니고 있다. 이 때문에 발광다이오드(發光diode)와 같이 대량의 열을 발생하는 소자용의 절연기판으로서 일부 사용되고는 있으나, 고순도이고 또 일정한 크기 이상의 판상(板狀)결정을 안정하게 공급하기란 현재로는 지극히 곤란하다. 실용화를 위해서는 많은 노력이 필요할 것으로 생각된다. 그러나 궁극의 절연기판재료로서 큰 꿈을 갖게 하는 소재임에는 틀림없다.

콘덴서재료에 이르는 길

유전성을 이용하면 전기를 축전할 수 있다. 이 성질이 콘덴서로서 사용된다. 축적되는 전기량 Q는 가한 전압을 V라 하면

$$Q = CV$$

로 주어진다. C는 용량이라 불리는데 이 값은 εs를 비유전율(比誘電率 ; 물질의 고유한 값), ε_0를 진공의 유전율, A를 면적, d를 두께라 하면

$$C = \varepsilon_0 \varepsilon s A / d$$

로 정해진다.

38

따라서 대량의 전기를 축적하기 위해서는 비유전율이 큰 물질을 선택하고, 면적을 크게, 두께를 작게 한다는 등 세 가지 조건을 충족시키지 않으면 안된다. 현대의 기술은 소형화 또는 정밀화 방향으로 진행되고 있다. 이 요청에 부응하기 위해서는 비유전율이 큰 물질을 탐색하고, 또 여러 층으로 겹침으로써 총 면적을 크게 하며 또 절연체화, 치밀화, 균질화시킴으로써 전압을 가했을 때 전기적인 파괴가 일어나기 힘들게 하면서 두께를 철저히 작게 하는 등 세 가지 점을 실현하지 않으면 안된다.

1942년 경까지는 티타니아(titania ; TiO_2)가 유전율이 크고(비유전율 80 전후) 절연성이 뛰어난 물질로서 사용되었다. 그런데 1943~44년에 일본, 미국, 소련에서 거의 동시에 비유전율이 수천이나 되는 물질이 발견되었다. 이 물질은 티타니아를 탄산바륨과 반응, 소결시켜 만든 티탄산바륨으로 비유전율의 두 자리수 향상은 전자재료(電子材料)의 역사에 세라믹스를 등장시키는 계기로서 충분하고도 남는 사건이었다. 현재는 비유전율 뿐만 아니고 그것의 온도계수, 절연특성, 소결특성까지도 거의 자유로이 제어할 수 있게까지 발전한 세라믹스가 전자재료계의 스타로서의 길을 착실히 걸어나가고 있다.

세라믹 콘덴서는 소형화의 요청에 대해서도 다층화(多層化)기술의 급속한 발전에 의해서 부응하려 하고 있다. 현재 만들어지고 있는 세라믹 콘덴서는 쌀알의 1/2의 크기밖에 안된다.

분극방향을 가지런히 정돈하여 단결정을 닮게 한다

그런데 티탄산바륨은 왜 이와 같은 성질을 가질까? 티

탄산바륨으로 대표되는 비유전율이 큰 한 무리의 물질은 결정 속에서 플러스전하의 중심과 마이너스전하의 중심이 일치하지 않고 있다. 마이너스전하의 중심에서 플러스전하의 중심까지의 거리(l)와 전하의 총량(Q)과의 곱을 분극(分極; P)이라 한다. 전압을 가하지 않아도 분극이 생기고 있는 것을 자발분극(自發分極)이라 하는데, 이것의 방향은 그림에 보인 것과 같이 전압을 가함으로써 반전(反轉)시킬 수가 있다. 물론 다시 본래의 방향으로 되돌려 놓거나, 역전압을 가하는 것도 가능하다. 자발분극이 있고 더우기 분극의 방향을 반전할 수 있는 성질을 강유전성(強誘電性)이라 부른다.

강유전성 물질인 세라믹스의 분극방향은 그림에 나타낸

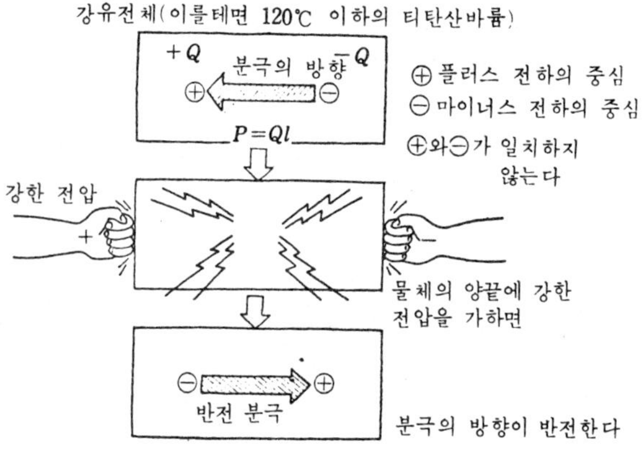

강유전체에서는 마이너스와 플러스의 중심이 어긋나 있다

바와 같이 소고시켰을 그 당시는 멋대로 흩어져 있다. 그러나 한 방향으로 전압을 가하면 하나 하나의 분극의 방향이 전계의 방향으로 가지런해지므로, 전체로서는 마치 큰 결정처럼 한 방향으로 커다란 분극을 가진 것으로 만들수가 있다. 강유전성 물질을 단결정으로 얻기 곤란한 경우라도 소고시키는 것은 거의 대부분의 경우 가능하므로 먼저 소결체를 만들고, 분극방향을 가지런히 정렬시키면 커다란 단결정과 같은 기능을 갖게 할 수 있다.

이 때문에 강유전물질의 세라믹스가 콘덴서의 재료로서 중요한 위치를 차지하고 있는 것이다.

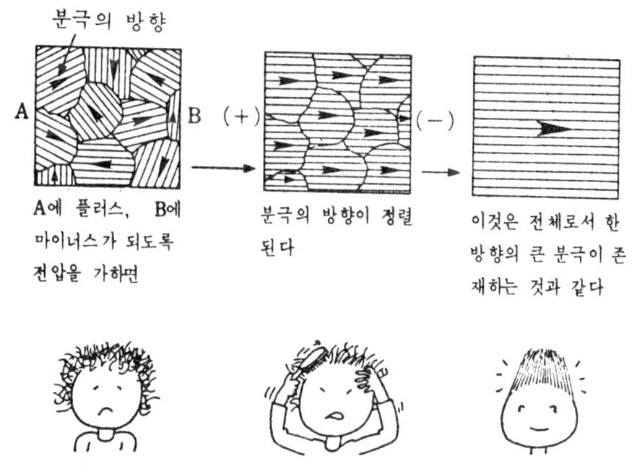

강유전성 세라믹스는 분극의 방향을 가지런히 정렬할 수 있다

압전체 – 전자라이터에서 의료(医療) 까지

물체에 전압을 가하면 신축(伸縮)하고, 반대로 물체에 힘을 가하여 신축시키면 물체의 양끝에 전압이 생기는 성질을 압전성(圧電性)이라 한다. 압전성을 나타내느냐 나타내지 않느냐는 것은 결정이 갖는 대칭성에 의해 구별된다. 그리고 압전성을 나타내는 물질을 압전체(圧電体)라고 한다.

압전체를 얻는 데는 크게 나누어 두 가지 방법이 있다. 하나는 원래 압전성을 나타내는 대칭성을 가진 단결정을 육성하는 것이다. 현재 시계 등에 발진자(發振子)로 쓰여지고 있는 수정(Quartz)은 이런 방법으로 만들어지고 있다. 또 하나의 방법은 위에서 말한 티탄산바륨 등의 강유전성을 나타내는 물질의 소결체에 강한 전압을 가하여, 분극방향을 가지런히 정렬시켜 단결정과 같은 성질을 얻는 것이다. 이 방법은 화학조성을 바꾸거나, 시료(試料)의 크기나 형상을 용이하게 바꾸거나 할 수 있는 이점이 있다. 이 방법으로 가장 많이 만들어지고 있는 물질에는 티탄산 지르콘산납(약칭 PZT)이 있다.

압전체의 응용범위는 실로 넓다. 우리 주변에서 찾아본다면 우선 압전 착화소자(着火素子)가 있다. 분극방향을 정렬시킨 강유전성 세라믹스로 만든 소자에 순간적으로 힘을 가하여 변형시키면, 플러스전하의 중심과 마이너스전하의 중심과의 거리가 변화한다. 즉 이 몫 만큼 전류가 순간적으로 흐르고, 변형이 사라지는 순간 다시 역방향으로 전류가 흐른다. 재질과 형상을 선택하면 이 때 발생하는 전압차는 수만 볼트에 이르고, 좁은 간격이면 불꽃을 튕기

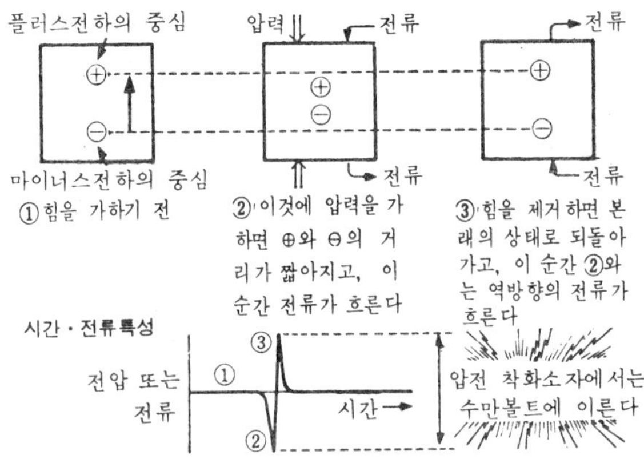

압전 착화소자의 원리

게 할 수 있다. 이리하여 가스레인지, 욕탕(浴蕩), 라이터 등의 점화전(点火栓)이 만들어진다.

다음으로는 압전체에 교류전압을 가하면 신축하는 원리를 사용하여 진동자(振動子)가 만들어지고 있다. 액체를 이 진동자로 진동시키면 깊숙한 구멍 속에 있는 미세한 오물까지 깨끗이 제거할 수 있다. 이것이 초음파 세척기(洗滌器)이다.

이것과는 반대로 압전체가 미약한 진동이라도 받게 되면 교류전압이 발생한다. 이것이 초음파 검출의 원리이다. 압전체에서 발생한 초음파는 물체에 의해 반사되는데 반사된 초음파를 다시 압전체로 검출할 수가 있다. 이리하여 초음파를 반사하는 물체의 검출 및 발신에서부터 수신까지의 시간을 측정함으로써 그 물체까지의 거리를 알 수 있다.

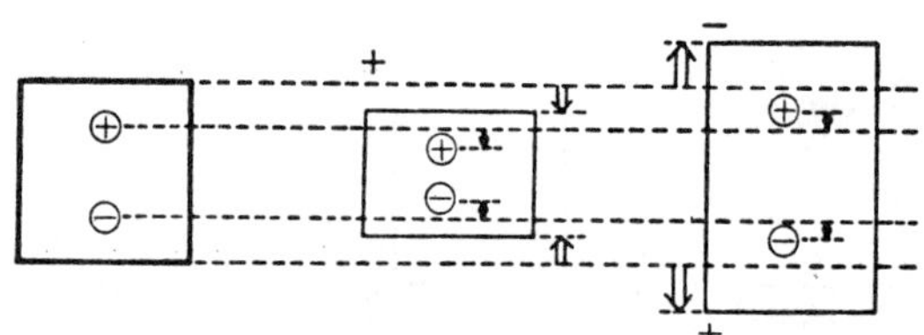

압전 진동자의 원리

어군탐지 또는 바다 깊이의 측정도 이와 같이 행해진다. 거리뿐만이 아니고 반사파를 정밀하게 해석함으로써 초음파 반사물체에 있는 어떤 이상마저도 검출할 수 있다. 신체 속의 이물의 검출(CT scanner)도 금속 또는 세라믹스 속의 홈의 검출도 이 원리를 사용하고 있다.

세라믹 필터(ceramic filter)와 픽업(pick up)

주파수 f_1의 교류전압을 가하여 압전체의 한 끝 A를 진동시키면 다른 끝 B로 진동이 전달되는데 $\Delta\tau$ 만큼의 시간이 걸린다. 이리하여 B에도 같은 주파수 f_1의 교류가 발생한다. B단에 발생한 교류를 A단에 겹쳐도 감쇠하지 않게 하기 위해서는 주파수가 $(1/\Delta\tau)=f_0$이면 된다. 즉 f_0가 이 진동자의 공진진동수(共振振動数)라 할 수 있다. 이

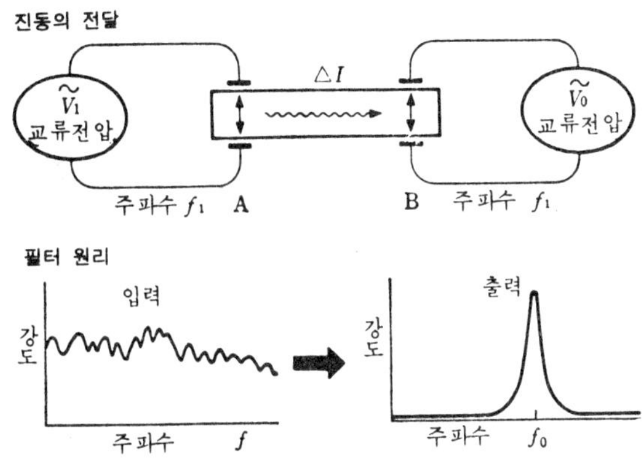

압전 공진자의 원리

원리를 사용하여 여러가지 주파수가 섞여 있는 전파 속에
서 f_0만을 끄집어낼 수 있다. 이 압전공진자(圧電共振子)
에는 PZT계의 세라믹스가 많이 쓰이며, 세라믹 필터라
불린다. 이 소자는 텔레비젼, 라디오 등의 튜너(tuner) 부
분에는 빼 놓을 수 없는 것이다.

압전체를 사용하여 변압기(變壓器)를 만들 수도 있다.
이 변압기는 코일을 사용하지 않는다. 따라서 자기장이
발생하지 않으므로 자기장에 의해 전자빔(電子·beam)을 제
어하고 있는 브라운관 등의 곁에서 사용하더라도 걱정이
없다.

세라믹 필터도 소형화의 물결에 휩쓸려 들고 있다. 진동
의 전달방법이 물체의 내부보다 표면 쪽이 느리다는 것을
이용하여 소형이라도 $\Delta\tau$를 차이나게 할 수 있음을 이용

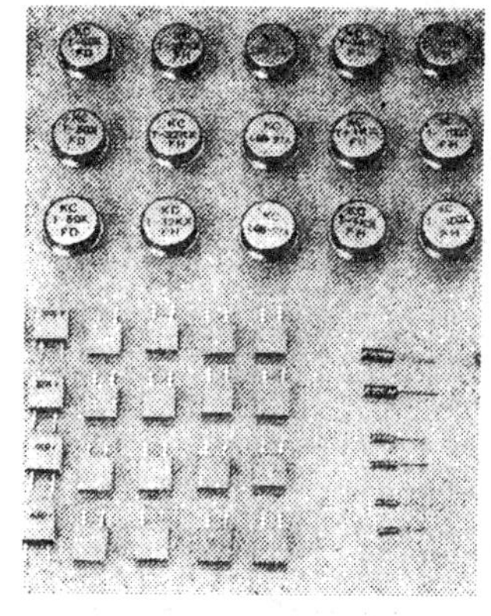

세라믹스로 만들어진 여러가지 전자부품

하여 만들어지고 있는 것이 표면탄성파장치(表面彈性波 de-
vice SAW라 불린다)이다. SAW 소자로서 PZT 외에 산화
아연의 박막, 탄탈산리튬(LiT_aO_3)의 박판단결정(薄板單
結晶) 등이 사용되고 있다.

물체의 요철(凸凹)을 기계적인 진동으로 검출하여 이것
을 압전체로 전기적인 신호로 변환하는 일도 행해지고 있
다. 이것이 레코드 플레이어의 픽업(pick up)이다.

지각(地殼)의 미약한 운동을 지각에 묻어 놓은 압전체로
검출하여 지진의 예보를 하는 일도 시도되고 있다. 또 열
차가 고유 주파수의 초음파를 발생하면서 달려가고, 선로
에 설치된 압전체로 검출하도록 하면 그 주파수에 의해 열
차번호[또는 열차의 통과, 정차(停車) 등]를 판별할 수 있다.
화물차의 번호를 이 원리로 판별하는 일도 이미 시도되고

있다.

2. 도전성을 이용하는 세라믹스

두 종류의 도전성

전기를 통하는 것이 전자의 이동에 의한 것인지 아니면 이온의 움직임에 의한 것인지에 따라 도전성을 전자도전성과 이온도전성으로 나눌 수 있다. 전자도전성은 다시 금속도전성과 반도성으로 구분된다. 금속도전성이란 전기를 잘 통하는 성질이며, 온도가 상승함에 따라 도전율이 작아진다 (저항이 커진다)는 것이 특징이다. 이 성질은 거의

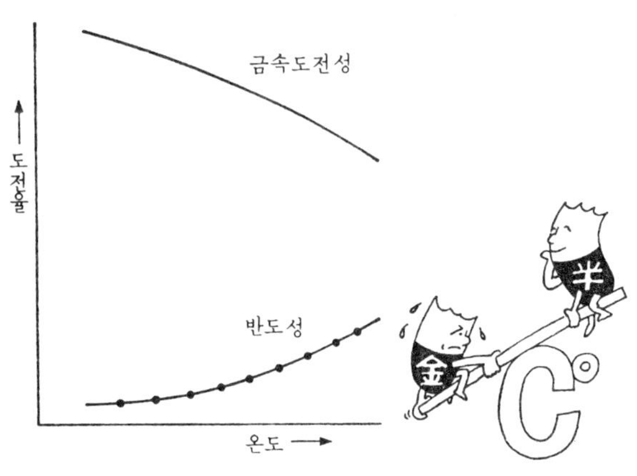

도전성의 종류와 온도와의 관계

대부분의 금속에서 볼 수 있는데, 금속이 아니라도 전기를 잘 통하는 한 무리의 물질에도 이 성질을 나타내는 것이 있다.

한편, 반도성(半導性)이란 도전율이 금속도전성보다는 작고, 온도의 상승과 더불어 전기가 통하기 쉬워지는 특성이다. 이 성질을 나타내는 대표적인 금속이 현대 전자기술의 기본이 되어 있는 소재 실리콘(Si)이다. 또 비금속에서는 여러 가지 특징있는 Device(장치)에 사용되고 있는 많은 물질이 이 성질을 지니고 있다.

반도성은 다시 마이너스전하를 갖는 전자가 움직이는데 의한 것인지, 아니면 플러스전하인 정공(正孔)이 움직이는 것에 의한 것인지에 따라 n형과 p형으로 구별된다. n은

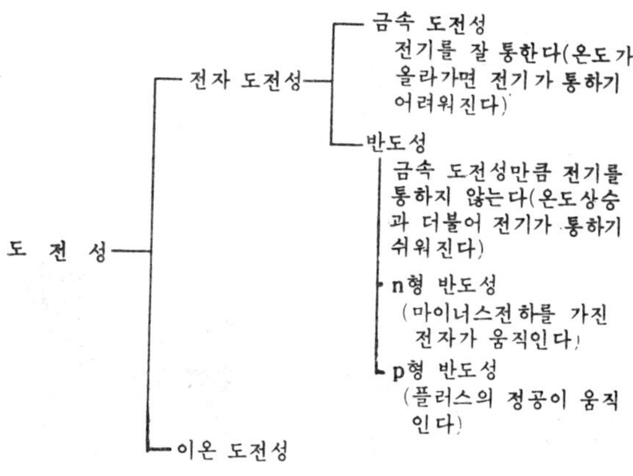

도전성의 구별과 특징

negative, p는 positive의 머리글자를 가리키고 있다.

플러스의 전하인 정공은 시험관에 넣은 물 속에 생긴 거품에다 비유할 수 있다. 거품이 물 속을 떠올라갈 때, 거품이 움직인 것이라고, 또는 물이 움직여서 거품을 밀어올린 것이라고도 볼 수 있지만, 거품이 움직인다고 생각하는 것이 직관적으로 알기 쉬울 것이다. 전자가 거의 빽빽하게 채워져 있는 상태에서 일부 빈틈이 있으면, 그 빈틈이 메워지도록 어떤 전자가 움직인다. 그러면 그 전자가 먼저 있던 자리에 빈틈이 생긴다. 마치 물 속에서 거품이 움직이듯이 이 빈틈부분이 이동했다고도 생각할 수 있다. 이 빈틈은 본래 아무 것도 전하가 없을 터인데도, 주변이 마이너스전하를 가지고 있으므로 플러스전하쪽으로 쏠리게 되는 것이다. 그래서 빈틈부분이 플러스전하를 가지고 움직인다고 생각해도 된다. 이것이 정공(正孔)이다.

이에 대해 마이너스전하를 갖는 전자가 움직일 경우에는 텅 빈 전동차 속에서 자유로이 돌아다니고 있는 사람에다 비유할 수 있다. 주위가 전하를 갖지 않으므로 이 사람(마이너스전하를 가진)의 움직임이 그대로 마이너스전하의 이동에 대응한다.

전기의 움직임의 용이성(도전율)은 이 전자 또는 전공의 수와, 전자 하나 하나의 움직임의 용이성(이것을 mobility라 한다)과의 곱(積)으로 결정된다. 온도가 올라가면 전기가 통하기 쉬워지는 반도체의 특질은, 온도가 올라가면 전자 또는 정공의 수가 증가하기 때문이다. 이에 대해 금속도전성에서는 고온이 되면 전자의 움직임이 활발해져 전자끼리 충돌하기 쉬워지며 그 결과 개개 전자의 움직임이 나빠져서 저항이 커지게 된다.

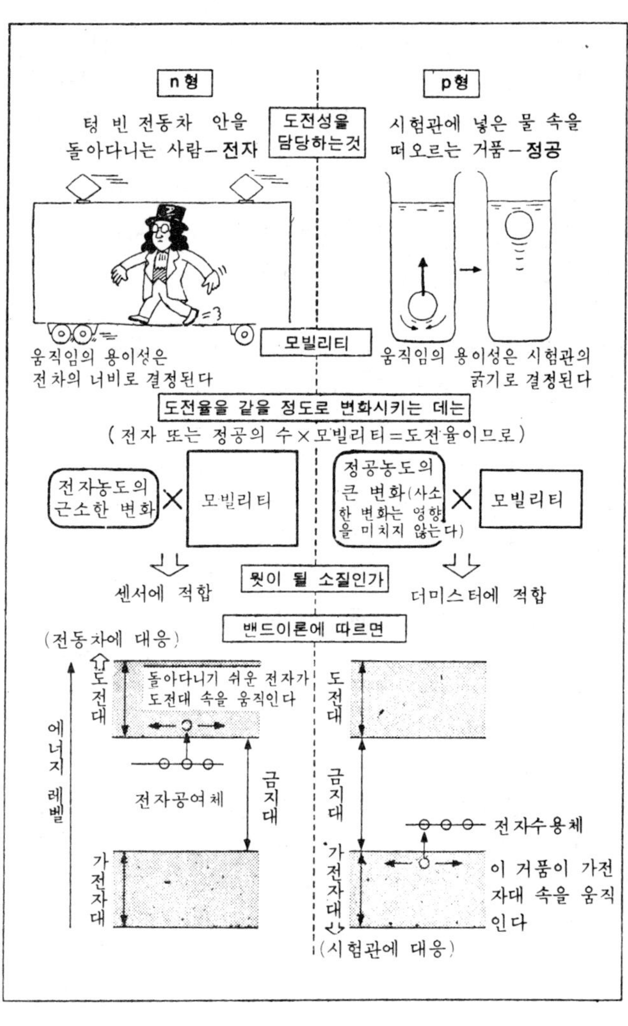

p형 반도체와 n형 반도체의 차이

개개 전자의 움직임의 용이성 또는 정공의 움직임의 용이성은, 앞에서 든 비유로 말하면 각각 전동차의 너비와 시험관의 굵기에 비례한다. 이 너비 또는 굵기는 반도체의 성질을 말하는데 사용되는 밴드(Band;帶)이론에서의 밴드폭에 대응한다.

밴드이론에서는 n형, p형을 다음과 같이 설명한다. 즉 n형 반도체는 물질 속에 포함되는 전자를 방출하기 쉬운 미량의 성분으로부터 도전대(導電帶)로 방출된 전자의 움직임에 의해 전기가 통하고, p형 반도체는 전자를 받아들이기 쉬운 성분에 전자를 방출한 뒤에 남는 가전자대(価電子帶)에 생긴 정공의 움직임으로 전기가 통하는 것이다. 전동차의 너비가 도전대의 너비에, 시험관의 굵기가 가전자대의 너비에 대응하는 것이다.

대부분의 물질에서는 도전대의 너비가 가전자대의 너비보다 넓다. 따라서 같은 종류의 물질에서는 전자쪽이 정공보다 모빌리티가 크다. 즉 같은 정도의 도전율을 얻는데는 n형쪽은 전자수가 작아도 되는데 대해, p형에서는 많은 수의 정공이 필요하다는 것이 된다. 이것은 나중에 설명할 가스센서, 더미스터(thermistor)를 어떤 반도체로 만드는가를 결정할 때 지극히 중요한 요인이 된다. 왜냐하면 n형에서는 근소한 전자농도(電子濃度)의 변화가 도전율에 큰 변화를 주는데 비해, p형에서는 도전율을 변화시키기 위해 정공의 농도를 크게 바꾸지 않으면 안된다(반대로 약간 정공농도가 바뀌더라도 도전율에 대한 영향은 적다)는 것이 되기 때문이다. 즉 n형 반도체에는 가스센서가 될 소질이 있고 p형 반도체에는 분위기 변화에 따라 저항값이 바뀌어서는 곤란한 더미스터(온도센서)의 소질이 있는 것이 된다.

깨끗하게 고온을 만드는 「저항발열체」

「내열성」「내식성」에다 「도전성」까지 갖는 세라믹스는 큰 전류를 흐르게 함으로써 생기는 발열로 고온을 만들어 낼 수 있다. 이것을 저항발열체(抵抗發熱体)라 부른다. 얻어지는 고온은 가스의 연소로 얻어지는 것보다 분위기가 깨끗하다. 이 때문에 정밀한 세라믹스를 만들기 위해서는 반드시라고 할 만큼 세라믹스 저항발열체를 사용한 전기로가 필요하다.

저항발열체로서 실험실에서나 공업적으로도 가장 많이 사용되는 것은 탄화규소로서, 약 800℃ 까지는 온도가 높아질수록 저항이 작아지는 반도체의 특성을 나타내지만, 그 이상이 되면 온도상승과 더불어 저항이 커지는 금속도전성을 나타내는 불가사의한 물질이다. 이 성질은 온도를 제어하는데에 아주 편리하다. 탄화규소의 최고 사용온도는 1,650℃ 이며 이 이상의 온도가 되면 공기 속의 산소에 의해 산화되어 버린다.

규화몰리브덴($MoSi_2$)발열체는 탄화규소발열체보다 값이 비싸지만 신속한 가열이 가능하고 더우기 최고 사용온도가 1700℃ 로 높기 때문에 최근에 그 수요가 급속히 증가하고 있다.

란탄크로메이트는 800℃ 이상이 되면 거의 온도에 의한 저항변화가 없어지기 때문에 온도제어가 쉬운 저항발열체를 만들 수 있다. 또 앞의 두 물질과는 달라서 본래 산화물이므로 공기 중에서의 안정성이 좋고, 최고 사용온도도 1800℃ 로 가장 높다. 다만 그 이상의 고온이 되면 크롬이 산화물(CrO_3)이 되어 증발할 우려가 있다는 것과, 값이 비싸다는 단점이 있어 현재는 이용도가 낮다.

참고로 세라믹스가 아닌 저항발열체를 보면, 니크롬선은 공기 중에서 최고 1200℃ 까지, 몰리브덴선 또는 텅스텐선은 공기 중에서는 전혀 쓸모가 없다(건조 수소 중에서는 각 금속의 융점 가까이까지는 쓸 수 있다). 내식성이라는 점에서는 세라믹스를 능가할 만한 것이 없다.

우연이 낳은 「온도를 자동제어하는 물질」

앞에서 말한 저항발열체만큼 사용온도는 높지 않으나, 고온이 될수록 저항이 급격히 커진다는 독특한 성질을 가진 것이 반도성 티탄산바륨 세라믹스이다. 이 소자의 온도 − 저항특성은 화학조성에 따라 다르지마는 그림에 표시한

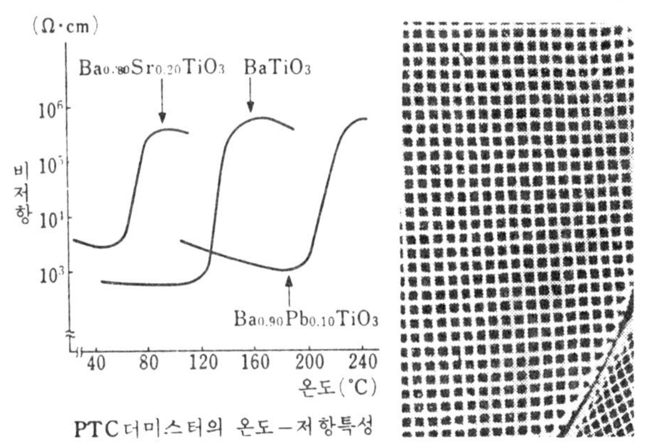

PTC 더미스터의 온도−저항특성

전자밥솥 등에 사용되는 **PTC** 더미스터의 특성과 구조

것과 같이 저온에서는 저항이 작지만 어느 일정 온도에서
부터 급격하게 저항이 증가한다. 이 소자에 전기를 통해
두면 저온에서는 보통의 발열체로서 작용하지만, 급격히
저항이 증대하는 영역으로 들어서면 거의 전류가 흐르지
않게 되므로, 온도상승은 거기서 멎는다. 즉 온도를 자동
으로 제어하게 되는 것이다.

경계선의 온도는 화학조성에 의해 정할 수 있으므로, 각
각의 용도에 따라 가려 쓸 수가 있다. 이를테면 약 70℃로
자동제어되는 것은 보온밥통의 보온용으로 쓰여진다. 또
이 발열체를 사진과 같이 벌집(honey-comb)모양으로 만
든 것을 사용하면 일정온도의 따뜻한 바람을 얻을 수 있으
므로 이불건조기, 헤어드라이 등에 널리 사용되고 있다.

콘덴서재료로 등장한 티탄산바륨이 반도체가 된다는 것
을 안 것은 아주 우연한 일이었다고 한다. 티탄산바륨을
소결시키기 위해 여러 가지 미량성분을 가하는 실험을 하
던 중에, 극히 미량의 산화란탄을 가했을 때에 반도체화했
던 것이다. 더우기 결정구조가 근소하게 변화하는 온도에
서 위에서 말한 것과 같은 저항변화까지도 발견되었다.

이 우연한 새발견도 콘덴서재료의 소재 개발이라는 목적
에만 집착하고 있었더라면 도리어 방해가 되는 성질이 나
타났다고 하여 그냥 내 버렸을지 모를 일이었다. 세라믹
스를 연구하고 있으면 이와 같은 뜻밖의 사태에 부딪치는
일이 자주 있다. 상식이 통용되지 않는 이들의 새로운 현
상을 실용화와 결부시키기 위해 우리도 좀더 소프트한 머
리를 개척해 두지 않으면 안될 것이다.

많은 구멍이 안전을 감시하는 「가스센서」

산화주석은 세라믹스의 특질인 「내열성」과 「내식성」이
뛰어난 물질이다. 치밀하게 소결하기 힘들고, 구멍 투성이
의 상태(이것을 다공질체라 한다)가 반영구적으로 유지된다.
공기 중에서는 입자의 표면에 산소가스가 흡착되어 있다.
흡착된 산소는 O^{2-} 또는 O_2^-형으로 되어 있기 때문에 반도
체 속의 전자를 필요로 한다. 산화주석은 n형 반도체이므
로 움직이기 쉬운 전자를 가졌으며, 본래는 비교적 전기를
잘 통하는 물질인데도 산소가 흡착되면 움직이기 쉬운 전
자가 표면에 포획되어, 전기가 잘 통하지 않게 되어 버린
다. 이것은

$$O_2(공기\ 속) + 4\,e(산화주석\ 속의\ 전자) = 2O^{2-}(흡착산소)$$

로 나타낼 수 있다. 이 산화주석의 다공질체를 약 300℃
로 가열하여 두면 프로판가스 등 타기 쉬운 가스(가연성 가
스)가 접근했을 때, 산화주석의 표면에 흡착되어 있는 산
소와 이 가스가 반응하여 최종적으로는 수증기와 탄산가
스로 변한다. 이 반응은

$$C_3H_8(프로판) + 10\,O^{2-}(흡착산소) = 3CO_2 + 4H_2O +$$
$$20\,e(전자)$$

의 식으로 표시된다. n형 반도체인 산화주석으로부터 흡착
산소에 빼앗겼던 전자가, 다시 반도체로 되돌아와 산화주
석은 본래의 전기를 잘 통하는 상태로 회복된다. 이 때의
저항값의 변화율은 몇 자리수에 이른다.   이리하여 가연성
가스가 산화주석의 표면에 도달한 것을 산화주석의 저항

이 작아진 것으로부터 검출할 수 있게 된다. 가연성 가스가 없어지면 다시 산소가스를 흡착하여 고저항상태가 된다.

산소가 산화주석의 표면에 흡착하는 속도 또는 흡착해 있던 산소가 가연성 가스와 반응하여 탈착하는 속도는, 300℃ 이하에서는 너무 작아서 신속한 가스센서의 역할을 하지 못한다. 이 속도를 크게 하기 위해 산화주석 표면에 백금, 팔라듐(palladium) 등의 귀금속 미립자를 촉매로 가하고 있다. 온도가 너무 높으면 가연성 가스가 흡착산소와 반응하는 속도와, 다시 산소가 흡착, 반응하는 속도가 평형을 이루어 산화주석의 저항이 가연성 가스의 존재 여부로는 그리 크게 바뀌지 않게 되어 버린다. 산화

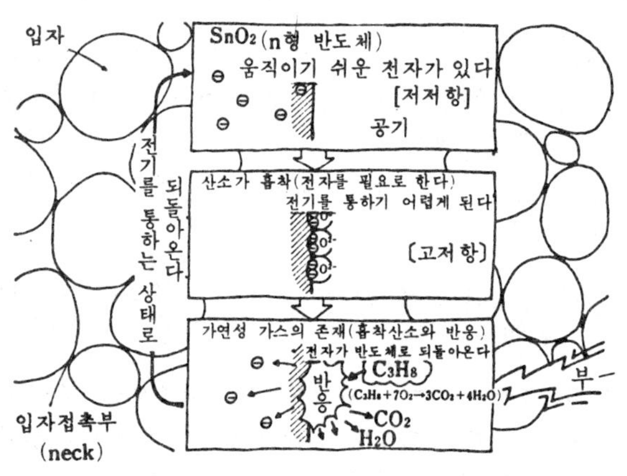

가스센서에 사용되는 다공질 산화주석의 구조와 기능

주석을 사용하는 가스센서의 경우, 가연성 가스와 접촉한 후부터의 응답속도와 저항값의 변화가 크게 변하는 것이 양립되는 최적온도가 300℃ 부근이다.

현재 산화주석 이외에도 많은 n형 반도체의 다공질 세라믹스가 가스센서로서 연구되고 있다. 그것의 대표적인 것은 산화아연이다. 그러나 산화아연의 다공질체를 사용하는 센서는 최적온도가 400℃로 산화주석보다 높고 또 NO_x(녹스) 등 부식성 가스에 대한 내구성도 떨어진다.

그런데 표면에 가해진 귀금속 미립자는 응답속도를 높여줄 뿐만 아니라, 가스의 종류에 따라서 저항변화의 양을 변화시키는데도 도움이 된다. 즉 가스 종류의 선별도 가능하며(이것을 가스종류의 선택성이라 부른다), 동물의 후각에 비유할 수 있을 만한 기능이 얻어진다. 현재 알코올, 과산화질소(NO_x), 일산화탄소 등에 특별히 감응하는 센서 등이 개발되어 있다. 알코올을 감지하는 센서는 이미 음주운전의 검사에 사용되고 있다.

습도를 감지하는 센서의 연구도 진행되고 있다. 아직 결정적인 것은 못되지만 그 대부분의 것은 반도체를 사용하는 형식을 채용하고 있다.

P형은 더미스터에 적합

더미스터란 Thermal Sensitive Resistor의 약칭이다. 가스센서에 사용되는 세라믹스는 움직이기 쉬운 전자의 농도가 근소하더라도, 전기를 충분히 통할 만한 전자의 모빌리티를 갖는 n형 반도체로서 산소가스의 흡착으로 이 전자가 포획되어 버리면 고저항이 된다. 이것에 대해 P형 반도체에서는 전기를 통하는 주체인 정공의 모빌리티가 작아, 충분한 도전성을 얻기 위해서는 많은 수의 정공의 존재가 필요하다. 다공질의 p형 반도체에서도 산소가스의 흡착·탈착에 의해 반도체 속의 정공의 농도가 변화하지만 본래의 농도에 비교하면 변화의 정도가 작으며 저항값의 변화도 근소하다(p형 반도체에서는 산소를 흡착하고 있는 편이 저항값이 작다). 따라서 p형 반도체는 가스센서로 사용하지 않는 편이 현명하다.

더미스터로 사용되는 p형 반도체로서는 철, 니켈, 코발트 등 천이금속(遷移金屬)의 산화물이 있다. 이들을 치밀하게 소결하여 표면적을 작게 한 것은, 더욱더 산소를 흡착하고 있느냐, 아니냐는 것에는 영향을 받지 않게 된다. 이와 같은 반도체의 저항값은 온도변화의 영향만을 받게 되며 온도가 높아지면 저항값은 지수함수적으로 작아진다. 이 저항은 NTC라 불리는데 NTC는 Negative Temperature Coefficient of Resistance의 약칭이다. 이는 저항값을 R(옴)로 하고 R_0를 상수, B를 온도계수, T를 절대온도(°K)라고 하면

$$R = R_0 \exp(B/T)$$

로 나타내어진다. B의 값이 1000~4500°K의 범위의 것이 쓰기 쉽다. 이 값이 3000°K의 경우, 실온 부근에서의 저항의 변화율은 1℃당 3% 이상이 된다. 전기적으로 저항값의 변화를 정밀하게 검출하는 것은 용이한 일이며 따라서 더미스터의 저항값의 변화를 측정함으로써 미세한 온도변화도 검출할 수 있게 되었다.

더미스터의 응용범위도 광범하다. 우선 쿨러 등에 사용되는 온도센서가 있다. 다음에는 가스의 유무로 히터의

방열특성(放熱特性)이 달라지고, 따라서 온도도 달라지는 것을 이용하여 진공계(眞空計)로 사용되고 있는 보기도 들 수 있다. 저항발열체로서 사용할 때면 전기를 통하는 것으로 일어나는 온도상승과 더불어 저항이 작아져 더욱 더 전기가 통하기 쉬워진다는 것은 타임스위치로서 쓸 수 있는 가능성을 나타내는 것이다. 이것으로 발진회로를 만들 수 있다. 적외선이 더미스터에 닿으면 온도가 올라가기 때문에 적외선 센서로서 사용할 수도 있다. 또한 온도가 바뀌어지기 때문에 전자회로가 최적의 동작상태에서 벗어나는 것을 막기 위해서는 자동적으로 저항값의 조정이 가능한 더미스터를 사용하면 된다.

더미스터의 응답속도를 올리기 위해서는 소자를 되도록 작게 하는 편이 좋다. 그러나 그렇게 하면 소자간의 특성에도 불규칙성이 커질 우려가 있다. 불규칙성을 억제하고 신뢰성이 높은 고성능의 소형 더미스터를 만드는 것은, 큰 것을 만드는 것보다도 비싸게 먹힌다. 가볍고 작아지면 고가·고성능이 된다는 것은 바로 기술이 지향해야 할 하나의 방향을 가리키고 있는 것이다.

더미스터 중에서 특수한 위치를 차지하는 것이 저항발열체(52~53페이지)에서 설명한 반도성 티탄산바륨계의 세라믹스이다. 온도센서로서 쓰이는 것은 물론, 저온에서 전기를 통하면 큰 전류가 흘러 온도가 상승하고 고저항이 되는 점을 이용하면 타임스위치로도 쏠 수 있다.   모우터의 시동, 브라운관의 소자(消磁; 브라운관에 생긴 정자기를 없앤다)에도 아주 근소한 시간에 큰 전류를 흐르게 하는 특질이 이용되고 있다.

전자장치를 보호하는 바리스터

저항(R)은 전압(V)을 전류(I)로 나눈 값으로 정의된다. 즉

$$R=(V/I) \text{ 또는 } V=I \cdot R$$

로 나타낼 수 있다. 거의 대부분의 재료에서는 전압(V)과 전류(I)는 비례하고 있어 비례상수가 R 이라고 생각해도 된다. 그런데 산화아연에 미량의 산화비스무트(Bi_2O_3)를 첨가하여 소결한 것은, 아래 그림과 같이 전압과 전류가 비례하지 않는다. 바리스터 전압이라 불리는 전압값까지는 거의 전류가 흐르지 않으나 그것을 넘어서면 전압이 약간만 증가하여도 전류는 대폭적으로 불어난다. 즉 바리스터전압

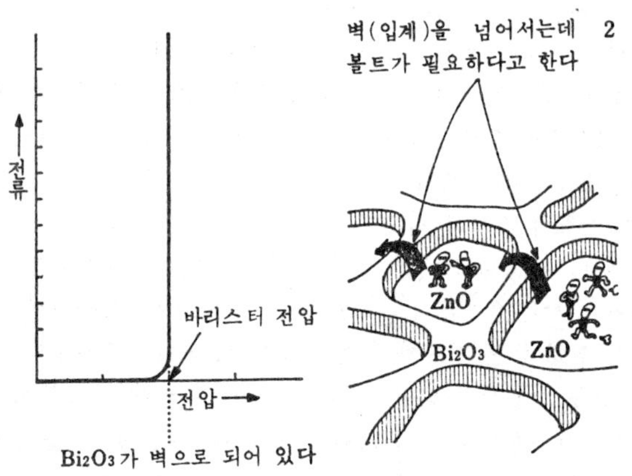

바리스터의 전압－전류 특성과 그 이유

이하에서는 고저항이나, 바리스터전압 이상에서는 갑자기 저저항이 된다. 보통의 저항체와는 달리 전압에 의해 저항이 변화하는 저항체라는 뜻에서 바리스터라 불린다(Voltage Variable Resistor).

본래 산화아연은 n형 반도체이며 저항이 작다. 이것에 대해 산화비스무트는 반도체 중에서는 절연체에 가까울 만큼 고저항이다. 미량으로 가한 산화비스무트가 바리스터 속의 어디에 존재하는가에 대한 확증은 아직 얻어지지 않았지만, 산화아연의 입자와 입자 사이의 입계(粒界)에 극히 근소하게나마 존재하고 있다고 생각하면 바리스터의 성질을 이해하기 쉽다. 산화아연의 입자 속에서는 움직이기 쉬웠던 전자도, 입계가 장벽이 되어 이웃 입자로는 옮아뛰기 어렵다는 것이다. 이 장벽을 건너뛰는 데는 보통 2 V 가 필요하다고 한다. 따라서 그림에 보인 바와 같이 바리스터전압이 200 V 가 되는 것은, 100개의 입계장벽이 전류가 흐르는 방향에 존재해 있다는 것이 된다(그림 참조).

전류가 흐르는 방향에서의 입계의 수를 바꾸는 것만으로 바리스터전압을 바꿀 수 있으므로, 쉽게 전압이 수10 V 에서 수만 V에 이르는 바리스터가 만들어진다. 이 바리스터를 전원과 전자장치 사이에 삽입해 두면, 전원에 잘못하여 높은 전압이 가해지더라도 전자장치에는 이 바리스터의 바리스터전압 이상의 전압은 가해지지 않게 되어 바리스터에 의해 전자회로가 보호되어 파괴되지 않게 된다. 이와 같이 바리스터는 보호회로용 소자로서 사용되고 있다. 전자회로가 정밀해지면 정밀해질수록 이 보호회로가 하는 역할이 커진다. 송전선 또는 전화선에 접속한 바리스터는 피뢰용으로도 활용된다.

이 바리스터의 성질은 n형반도체인 산화아연의 세라믹스만으로, 또는 절연체에 가까운 산화비스무트만으로는 만들 수가 없다. 양자가 공존하여야 비로소 생기는 특성인 것이다. 새로운 성질이 태어나기 위해서 두 종류 이상의 뜻하지 않는 물질의 상호작용이 필요했던 셈이다. 이 산화아연 바리스터의 발견에도 역시 우연이 작용했었다고 한다. 산화아연소결체의 전기적 성질을 조사하다가 리드선과 산화아연 사이의 전기적인 접촉을 좋게하는 물질(이것을 전극이라 한다) 속에 포함되고 있던 산화비스무트가, 산화아연의 입계를 통해서 어느 틈엔가 스며들어 바리스터특성이 생겼다고 한다.

바리스터특성은 전류(I)와 전압(V)의 관계를

$$I \propto V^n$$

로 나타낼 수 있다. 보통의 저항체는 n값이 1이지만 뛰어난 바리스터의 n값은 50이 되는 수도 있다. n을 크게하기 위해서는 산화비스무트 외에 산화안티몬, 산화망간, 산화코발트 등도 가해진다.

약점을 보이면 그것으로 끝장

전극에서 전극까지의 입계의 수가 바리스터전압을 결정한다는 것은 이미 설명한 바이지만, 이를테면 바리스터전압을 2000 V로 하고싶을 때, 어느 곳(그림 중의 Ⓐ) 에서는 995개밖에 입계가 존재하지 않고, 다른 곳(그림 중의 Ⓑ)에서는 1,005개의 입계가 있었다고 하자. 바리스터전압은 Ⓐ부분에서는 1,990 V이고, Ⓑ부분에서는 2,010 V가 된다.

이 경우 1,990 V를 조금만 넘어서면 전류는 Ⓐ부분으로

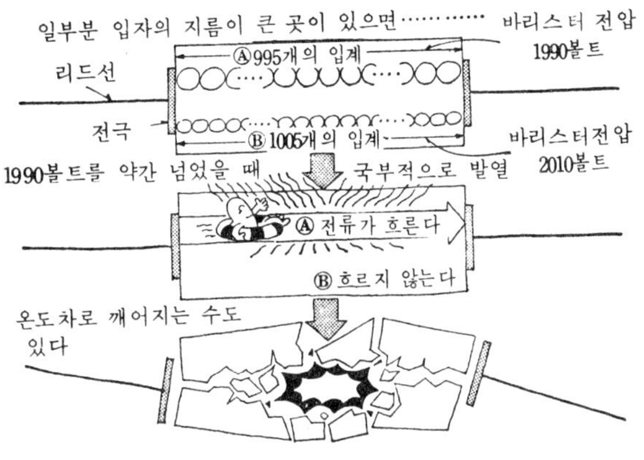

바리스터가 파괴되는 것은 균일하지 않기 때문

흘러가 버리고 Ⓑ에는 흐르지 않게 된다. 전류가 Ⓐ부분에
집중되기 때문에 국부적으로 발열하여 마침내는 Ⓐ와   Ⓑ
의 온도차로 인해 깨져 버리는 수도 있다. 따라서 큰 전류
가 흐르더라도 쓸 수 있는 바리스터를 만들기 위해서는,
전극에서부터 전극으로 수직으로 그은 선이 가로지르는 입
계의 수는 늘 일정하게 되도록 하지 않으면 안된다.   즉
산화아연의 입자의 크기는 어느 부분에서도 반드시 일정
해야만 한다. 소결체 중의 어느 부분에서도 입자의 지름
이 일정하고 치밀하다는 것은, 파괴현상이 문제가 되는
모든 세라믹스에서 가장 중요하게 요청되고 있다. 일부라
도 입자의 지름이 큰 것이 있으면, 거기에 파괴응력(應力)
이 집중해 버린다. 세라믹스는 어떤 때라도 약점을 보여
서는 안되는 것이다. 철을 대신할 수 있느냐로 화제가 되

고 있는 질화규소나 탄화규소를 사용한 세라믹스에 대해서도 같은 말을 할 수 있다. 이 경우도 입자의 크기가 큰 부분 또는 치밀하지 않는 장소가 취약점이 되며 바로 여기가 파괴의 시작점이 된다.

이온도전성 세라믹스

지르코니아(산화지르코늄 ZrO_2)라는 물질이 있다. 융점이 2700℃로 높고 녹은 금속, 부식성 가스 등에도 강하다. 이와 같이 지르코니아는 내화물(耐火物)로서 뛰어난 소질이 있으나, 순수한 지르코니아는 그림에 보는 바와 같이 1000~1150℃에서 약 9%의 체적변화가 있다. 이 때문에 모처럼 희망하는 형상으로 소고시켜도 가열과 냉각을 되풀

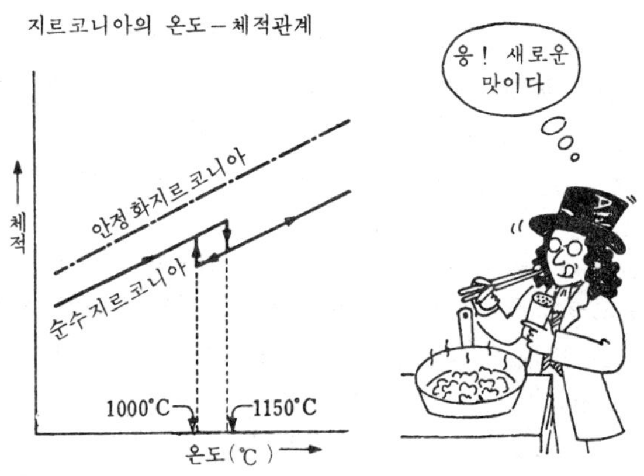

지르코니아의 경우, 순수하지 않은 편이 안정하다

이하여 쓰고 있는 동안에 산산조각으로 깨져 버린다. 이 붕괴를 막기 위해서는 온도와 체적의 관계를 원활하게 해 줄 필요가 있다.

　화학자가 물질의 특성을 변화시키고자 하는 방법의 하나에, 다른 물질을 어떤 비율로 가해서 반응시켜 완성된 것의 성질을 측정하여 목표한 것이 얻어지지 못하면 혼합하는 비율을 바꿔가며 몇번이고 시도해 보는 방법이 있다. 지르코니아의 경우도 이런 방법이 효과를 보았다. 그림 중의 사슬선으로 나타낸 관계는 칼시아(산화칼슘)를 지르코니아에 대해 일할 내지 이할(몰 분율) 가하여 1600℃ 이상의 고온에서 열처리하여 얻은 소결체에서 발견되었으며, 이렇게 해서 얻어진 지르코니아는 안정화(安定化) 지르코니아라 명명되었다. 칼시아는 안정화제(安定化劑)로서 사용된 셈이다. 더우기 안정화 지르코니아는 처음에는 상상도 못했던 성질이 덧붙여졌다. 그것은「산소이온 도전성」이다.

　칼시아를 15몰% 가한 지르코니아는 $Ca_{0.15}Zr_{0.85}O_{1.85}$ 라는 어중간한 화학조성을 갖는 결정이 된다. 순수한 지르코니아는 ZrO_2이며, 금속이온과 산소이온의 비가 $1:2$인데 대해, 이 안정화 지르코니아에서는 $1:1.85$이다. 즉 본래 두 개의 산소이온이 존재하여야 할 결정 속에 0.15만큼의 산소이온이 부족한 것이다. 이것은 마치 빽빽하게 들어차 옴짝달싹할 수조차 없는 만원 전동차에 틈이 생겨 갑자기 사람이 움직일 수 있게 된 상태에다 비유할 수 있다. 즉 안정화 지르코니아에서는 산소이온이 움직이기 쉽다. 칼시아도 지르코니아도 금속으로 환원하기 매우 어려운 물질이며, 움직이기 쉬운 전자는 결정 속에 거의 존재하지 않는다. 안정화 지르코니아의 도전성은 산소이온이 움직이는 것에 의할 뿐이다.

지르코니아는 타지 않는 눈

이제 치밀하게 소결한 안정화 지르코니아로 산소분압(酸素分圧)이 다른 두 개의 가스 분위기의 격벽(隔壁)을 만들어 보자. 가스는 산소분압이 높은 쪽에서부터 낮은 쪽으로 흐르려 하지만 안정화 지르코니아의 벽에 가로막혀 버린다. 그러나 마이너스전하를 가진 산소이온이라면 이 벽 속을 통과할 수 있다. 그래서 마이너스전하를 갖는 산소이온이 높은 산소분압 쪽에서 낮은 산소분압 쪽으로 움직이기 때문에, 산소분압이 높은 쪽에는 플러스, 낮은 쪽에는 마이너스전하가 생긴다. 이와 같이 벽의 양단에 전위차가 생기고 이 때문에 산소이온은 낮은 산소분압 쪽에서 높은 산소분압 쪽으로 끌리게 된다. 산소분압의 차에 의한 산소이온의 움직임과 발생한 전위차에 의해 끌리는 산소이온의 움직임이 마침 평형을 이룰 때의 전위차는

$$E(\mathrm{mV})=$$
$$0.050 \times T \times \log(p_{\mathrm{O2}}(\mathrm{I})/p_{\mathrm{O_2}}(\mathrm{II}))$$

로 주어진다. 여기서 T는 절대온도($^\circ\mathrm{K}$)이다. 한쪽 산소분압($p_{\mathrm{O2}}(\mathrm{I})$)을 알고 있으면 이 식을 사용하여 다른 쪽의 산소분압($p_{\mathrm{O2}}(\mathrm{II})$)을 추정할 수 있다. 이것이 산소센서의 원리이다.

산소센서의 용도에는 용광로의 동작상태의 점검, 자동차의 배기가스 정화를 위한 최적조건의 설정 등 공업적으로나 일상생활에 있어서도 중요한 역할을 하는 것이 많다.

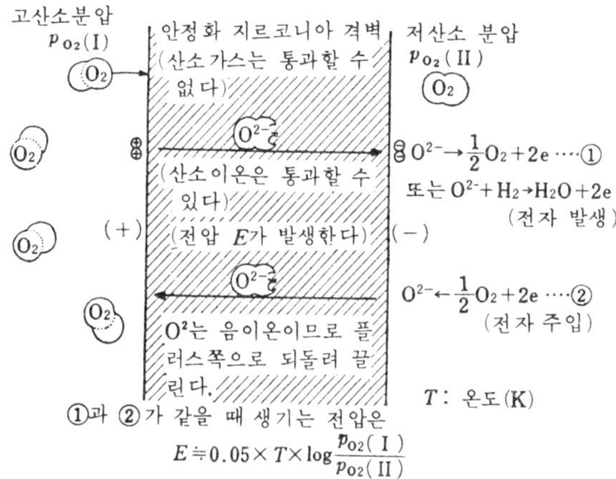

산소센서의 원리

　용광로 속은 고온이며 녹은 금속과 석회가 있어 부식성도 강하다. 종전의 방법으로는 도저히 속에 들어가서 상태를 관찰하는 따위는 생각조차 할 수 없었으나, 본래 내화물로서 개발된 지르코니아라면 들어갈 수도 있고, 더우기 산소 이온도전성이라고 하는 특성이 보태져 있으므로 산소 분압까지 측정할 수 있다. 즉 안정화 지르코니아는 가혹한 조건에서 작용하는 눈의 기능까지도 갖추고 있으므로, 마침내 용광로 속에 들어가 보고 올 수 있게 된 것이다.

　자동차의 배기가스 속의 탄화수소 또는 일산화탄소 및 녹스(NO_x)를, 촉매를 써서 동시에 제거하기 위해서는, 엔진에 들어가는 가솔린과 공기의 비가 적당한 범위, 바꿔 말하면 당량비(當量比)가 아니면 안된다. 당량비란 불완전 연소를 할 만큼 가솔린이 많지도 않고 또 공기가 과

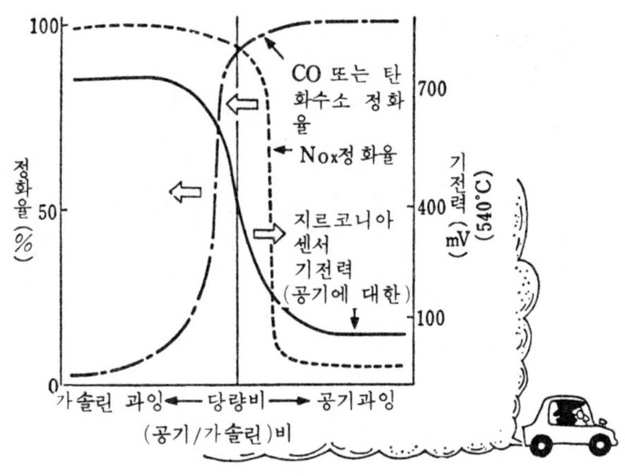

산소센서로 자동차 배기가스 정화조건을 제어

잉도 아닌 상태를 말한다. 한쪽의 산소분압을 공기의 0.2 기압으로 하고, 엔진 또는 배기관 속의 산소분압을 다른 쪽의 산소분압으로 한다. 가솔린이 과잉일 경우는 전위차가 크고, 반대로 공기가 과잉일 경우에는 전위차가 작다. 당량비의 상태에서는 전위차가 이것의 중간값을 취하기 때문에 항상 그렇게 되도록 엔진을 제어하면, 일산화탄소 또는 탄화수소 및 NO_x의 정화를 동시에 할 수 있게 되는 셈이다.

연료전지가 가능하게 하는 가정발전

안정화 지르코니아로 연료전지를 만들 수도 있다. 산소분압이 다른 두 개의 가스분위기를 안정화 지르코니아로 격리하면, 위에서 말한 바와 같이 산소이온이 산소분압이

높은 쪽으로부터 낮은 쪽으로 이동한다. 이 때 만약 낮은 쪽에 수소 등의 가연성 가스가 존재하면

$$O^{2-}+H_2\rightarrow H_2O+2e$$

의 반응이 일어나 수증기를 생성함과 동시에 움직이기 쉬운 전자(e)가 발생된다. 이 전자를 전자회로를 통해서 차례차례로 제거해 주면 산소이온은 그것에 따라 낮은 쪽으로 움직인다. 즉 수소가 연소하여 전력이 얻어지게 된다.

이 원리의 연료전지에서는 연료에너지가 직접 전기에너지로 변환되므로, 보통의 발전기가 연료에너지→연소에너지→전기에너지라는 3단계로 전기를 만드는데 비해 손실이 적고 더우기 조용하다. 가스배관에서 연료의 공급을 받으면 이제부터는 각 가정에서도 발전이 가능하게 되는 것이다.

한편 산소센서에서 얻어지는 전위차보다 큰 전압을 강제적으로 가하면, 산소분압이 낮은 쪽으로부터 높은 쪽으로 산소이온을 역류시킬 수도 있다. 이것을 응용하면 근소한 산소를 포함하는 가스나 금속으로부터 산소를 끄집어 낼 수 있다. 이것을 산소펌프라 하며 폭넓은 이용이 생각되고 있다.

안정화 지르코니아 외에도 이온도전성을 나타내는 물질이 수없이 많은데, 현재 연구가 진행되고 있는 것을 몇 가지 소개하고자 한다.

베타알루미나($\beta-Al_2O_3$)는 $Na_2O(5\sim11)Al_2O_3$의 조성을 가지며, 그 결정구조 속에서는 나트륨이온(Na^+)이 움직이기 쉽다. 이 성질을 보다 크게 하기 위해 여러가지 물질이 첨가되어 현재 $Na_2O\cdot MgO\cdot5Al_2O_3$의 조성을 가진

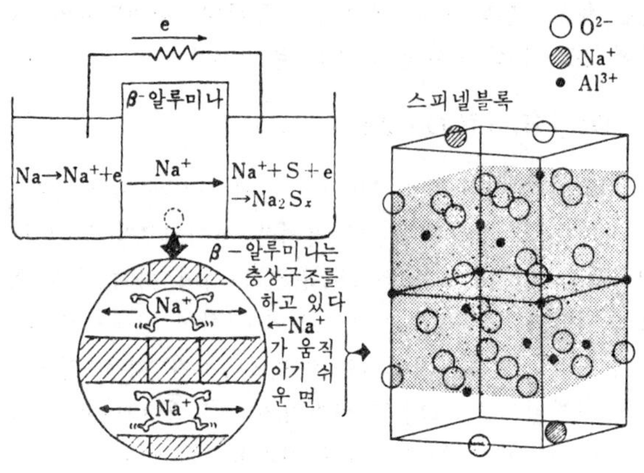

나트륨농담전지의 원리

물질이 만들어지고 있다. 베타알루미나를 용융나트륨금속
과 다황화나트륨(Na_2S_x)과의 격벽으로 사용하면 나트륨
의 농담전지(濃淡電池)가 만들어진다. 효율이 가솔린 엔진
과 맞먹으므로 전기자동차에 이용하려는 시도가 진행되고
있다.

또 불화란탄(LaF_3)에 불화스트론튬(SrF_2)을 고용(固溶)
시킨 물질에서는, 불소이온의 움직임이 용이한 점을 이용
하여 불소가스나 불소이온의 검출기가 만들어져 환경보전
에 한몫을 하고 있다.

이 원리를 다른 여러가지 물질에도 응용하면 다양한 검
출기를 만들 수 있고, 이미 카드뮴, 황산, 인산, 염소, 시
안검출용 세라믹스가 개발되고 있다.

제 2 차   석기시대의 풍경(3)
─시스템 키친의 안전은 세라믹스의 눈으로─
가스센서, 산화주석
더미스터, 화재경보기 온도가 올라가면 부우 !
초음파 접시 세척기
전자밥솥 온도제어 PTC더미스터
가스레인지의 자동 점화, 압전착화소자
전자오븐 레인지는 초음파로 요리하고 세라믹스의 눈(더미스터)로 완성을 확인한다

제2차 석기시대의 풍경(4)
―맥주도 세라믹스 시대―

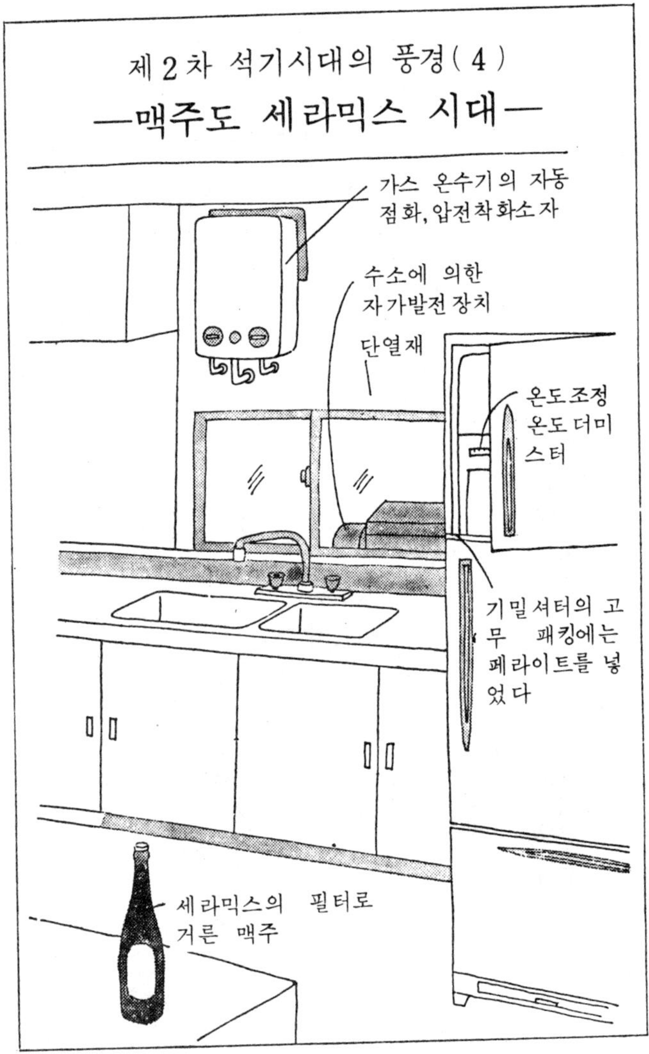

제 3 장
세라믹스의 미래도

이 장에서는 전자적 기능 이외의 세라믹스의 여러가지 응용례를 소개할까 한다. 그런데 앞에서도 말한 바와 같이 세라믹스의 이용은 이론이 쫓아가지 못할 정도의 속도로 모든 영역으로 확대되어 가고 있다. 따라서 여기에서 소개하는 것이 그것의 전부라고는 생각하지 말아주기 바란다.

1. 자성재료로서의 세라믹스

소프트 페라이트는 정보산업의 VIP

산화철을 주성분으로 하는 세라믹스 중에는 자성($磁性$)을 갖는 것이 있다. 철의 산화물을 가리켜 페라이트(ferrites)라 부르므로 자성을 갖는 세라믹스를 통틀어 보통 페라이트라 일컫는다.

그런데 한마디로 자성을 가진다고 하지마는 자기장을 가했을 때 어떻게 자화($磁化$)하는가에 따라 자성은 두 종류로 구별된다. 그림의 (a)는 소프트 페라이트이고 (b)는 하드 페라이트라 불린다.

소프트 페라이트는 약한 자장($磁場$)에서도 자화하며, 자화의 방향을 반전하는 데에도 반대되는 자장을 아주 조금만 가하면 된다. 소프트(soft)란 말은 물체로서 연하다는 뜻으로서 쓰여지고 있는 것이 아니라 말하자면 두뇌가 유연하다는 뜻이다. 좋게 말하면 주위의 상황에 민감한 임기응변이라고 하겠으나 나쁘게 말하면 기회주의자라는 뜻이 된다.

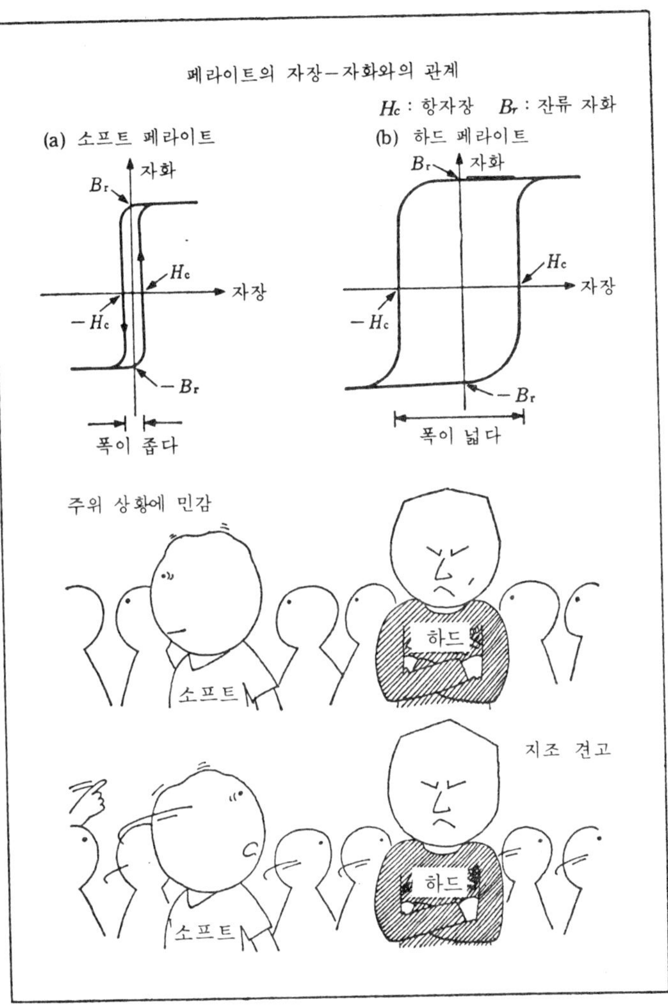

소프트 페라이트와 하드 페라이트

이에 대해 하드 페라이트는 강한 자장을 가하지 않으면 자화하지 않는다. 자화의 방향을 반전시키는 데에도 역방향의 강한 자장을 필요로 한다. 한번 자화시키면 반 영구적으로 강한 자화가 잔류한다. 소프트에 비해 하드(hard)란 머리가 딱딱하다는 뜻이다. 좋게 말하면 지조(志操)가 굳고 나쁘게 말하면 융통성이 없다는 말이 된다.

소프트 페라이트의 용도에는 고주파 변압기의 자심(철심이라 부르는 일도 있다)이 있다. 자화를 반전시킬 때에 흐르는 전류를 가리켜 와전류(渦電流)라 부르는데, 이것은 전기─자기의 변환효율을 내리는 큰 원인이 되고 있다. 페라이트는 저항률이 크므로 이 와전류는 작아지게 된다. 이 때문에 금속계의 것보다도 높은 주파수에서 쓸 수 있다. 정보·통신 시스팀이 점점 고주파화 방향으로 나아가고 있는 현재, 소프트 페라이트 자심의 중요성은 점점 더 높아지고 있다.

침상(針狀)의 미립자페라이트(수 마이크론 정도)는 그 하나하나가 작은 자석이 되며, 하나의 자화방향이 i비트(bit)의 정보기억에 대응한다. 이 미립자의 방향을 정렬하여 균일하게 테이프에 입힌 것이 우리들이 잘 알고있는 자기테이프이다. 녹음, 녹화는 물론 컴퓨터의 대용량 기억장치(memory)에도 사용되고 있다.

이야기가 좀 달라지지만, 자기테이프를 보통의 금속성 가위로 자르면, 가위 자체가 자기를 띠게 되므로 한참동안은 쓸 수 없게 된다. 게다가 날이 곧 못쓰게 되어 버린다. 그래서 개발된 것이 세라믹스제 가위이다. 이것이라면 자기를 띨 염려도 없고 반 영구적으로 쓸 수 있다. 「세라믹스에는 세라믹스로」라는 말이 나올법한 이야기이다.

거품에 기억을 남긴다

이트륨철가네트($Y_3Fe_5O_{12}$) 등의 투광성 자성결정막(透
光性 磁性結晶膜)은 기묘한 현상을 나타낸다. 이 막은 그림
과 같이 국부적으로 자화방향이 다른 부분이 거품모양으
로 보인다. 이것을 거품자구(泡磁區) 또는 버블 도메인
(bubble domain)이라 부른다. 이 거품자구 가까이에 침상 자
석을 접근시켜 거품부분과 같은 방향으로 자화시키려고 하
면, 거품부분의 자석과의 사이에서 반발이 일어나, 거품자
구가 본래의 위치로부터 약간 이동한다. 이 움직임은 하나
의 연산(演算)결과를 나타낸다. 즉 거품자구가 어느 위치
에 존재하는지가 연산결과의 기록이 되는 것이다. 거품자

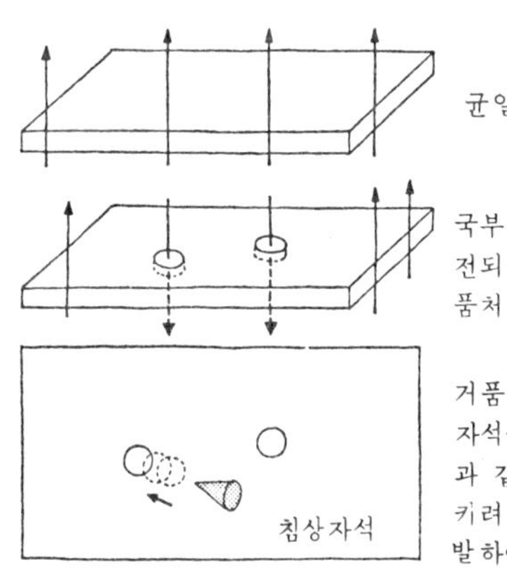

수 마이크론의 거품자구의 움직임이 하나의 연산결과를
나타낸다

구의 크기는 고작 수 마이크론 정도이므로, 단위 면적당 기억되는 정보는 방대한 양이 된다. 이 때문에 거품자구를 만드는 물질은 앞으로의 정보 기억소자로서 많은 기대를 모으고 있다.

하드 페라이트 쪽은 금속재료에 비해 가볍다는 특성을 살린 사용법이 개발되고 있다. 이를테면 텔레비전의 브라운관, 휴대용 장기세트, 고무에 섞어 냉장고의 기밀셔터 등에 사용되고 있다.

페라이트 가운데는 전자기파를 흡수하는 것이 있다. 고층 빌딩의 벽 등으로부터의 전파의 반사로 혼신(混信)이 일어날 우려가 있을 경우, 벽에 이 페라이트를 칠하면 된다. 최근에 화제거리가 되고 있는 레이다에 포착되지 않는 전투기용 소재라는 것도 이 페라이트이다.

2. 광학 재료로서의 세라믹스

광량을 조절하는 유리

단단하면서도 투광성(透光性)이 있는 재료의 대표적인 것이라면 유리이다. 고분자를 사용하는 유기(有機)유리도 개발되고는 있으나 경도가 모자라고, 공기 속의 먼지에 의해 표면이 상하여 흐려지며, 유기물이기 때문에 타버린다. 이에 대해 판유리 등에 가장 잘 쓰이고 있는 소오다석회유리는 투광성, 균질성, 가공, 성형성, 내구성 등의 여러 점에서 가장 균형이 잡힌 뛰어난 재료라 할 수 있다. 그러나 재료에 대한 요구가 점점 더 엄격해짐에 따라 종전의 판유리로는 만족할 수 없는 영역이 많아졌다. 불만의 축적은 성능이 더욱 좋은 새로운 광학재료를 낳게 하는 커다란

에너지가 된다.

우선 판유리 자체의 성능향상을 들 수 있다. 이 중에서도 특히 열선반사(熱線反射)유리는 에너지절약이라는 관점에서도 중요하다.

산화티탄과 산화주석은 모두 단단하고 약품에도 잘 침식되지 않는다. 더우기 가시광선은 투과하지만 적외선은 반사하는 성질을 가지고 있다. 이들 물질을 유리 표면에 코팅(coating)하면, 여름에는 옥외로부터의 열선의 실내 침입을 방지할 수 있고, 겨울에는 난방열이 옥외로   빠져 나가는 것을 억제할 수 있다. 최근에 빌딩 냉난방의 효율화에 이런 종류의 창유리가 많이 쓰여지게 되었다.

적외선은 반사하지만 가시광선의 일부를 흡수하는 물질로서 페라이트와 금 따위가 있다. 실내로 너무 많은 광선을 받아들이고 싶지는 않으나 창은 크게 하고 싶을 때 페라이트를 코팅한 유리가 사용된다. 또 전기로에 금을 증착(蒸着)한 내열유리관을 사용하면 로 바깥으로의 열발산을 막을 뿐 아니라 로 속을 투시할 수가 있고, 더우기 단열재를 가열할 필요가 없으므로 온도의 상승, 하강을 급속히 할 수 있다는 등의 많은 장점이 생긴다.

이런 종류의 막 중에서 특히 흥미로운 것은 코팅한 산화주석막이다. 그것은 산화주석이 반도체라는 것을 이용하여 전류를 통해서 유리를 가열할 수 있기 때문이다. 열차, 항공기, 고급자동차 등의 프론트유리가 흐려지는 것을 막는 것은 이와 같이 하여 만들어진다.

유리소재 중에서 은의 유기화합물을 함유하는 것은, 빛이 닿으면 은의 콜로이드가 석출(析出)되기 때문에 착색이 되고, 어두운 곳으로 되돌아 오면 다시 은의 화합물이 되어 탈색하는 성질을 나타낸다. 선글라스에는 이런 성질을 지닌 유리가 흔히 사용되고 있다.

세계 제일의 광통신기술을 뒷받침하는 세라믹스

빛을 통과시키는 성질을 철저히 추궁한 것이 광통신용 실리카 유리섬유이다. 빛의 통과를 방해하는 원인이 되는 것은 빛을 흡수하는 불순물, 빛의 반사면이 되기 쉬운 계면(界面;이를테면 기포와 물질표면, 입자와 입자의 경계, 즉 입계) 등이다. 이들 요인을 제거하는 데는 고순도의 균질한 유리를 만들면 된다. 현재는 초고순도(10억분의 1 정도의 불순물도 포함하지 않는)의 실리카(silica) 유리섬유가 만들어져 빛의 전송로(傳送路)로 사용되고 있다. 이 전송방식은 동선을 사용하는 전기신호의 전달보다 손실이 적고, 한 가닥의 선으로써 운반되는 정보량도 많다. 또 주위의 전기적 잡음이 끼어들 염려도 없다는 등 뛰어난 특성을 지니고 있다. 이와같은 광통신 시스팀을 가능하게 한 것으로서 광섬유의 개발은 획기적인 소재혁명의 대표적인 예라 할 수 있다.

실리카유리의 광섬유를 사용하는 광통신 시스팀에서는 가시광선이 사용되나 옥화탈륨, 염화아연 등 적외선을 감쇠시키지 않고 투과시키는 물질을 사용하면, 이론적으로는 실리카유리를 사용하는 것보다 훨씬 빛의 감쇠가 작아지게 된다. 이들 물질로 빛의 전달을 방해하는 원인이 제거되었다고 하면 미국과 일본간을 태평양 해저케이블을 사용하여 중계없이 통신하는 것도 꿈만은 아니다.

광통신용 광원으로는 레이저광이 사용된다. 레이저광선은 일정한 파장과 위상(位相)을 가진, 말하자면 가장 강하고 깨끗한 빛(지향성이 좋은 빛)이라 할 수 있다. 이와 같은 광선을 만들기 위해서는 안정성, 내구성, 순도 등의 점에서 역시 세라믹스가 중요한 역할을 한다. 그 중에서도 특히 루비단결정 또는 인산염유리에 대한 기대가 크다.

루비(ruby)는 산화알루미늄 단결정에 3가($價$)의 크롬(Cr^{3+})을 고용($固溶$)시켜 붉은 색으로 한 것이다. 조심스럽게 제조된 스트렌(strain)이 없는 단결정으로부터는 지극히 지향성이 좋은 가시광선이 나온다. 인산염유리는 희토류원소인 네오디뮴(Nd^{3+})을 발광체로 하는 것으로서 강력한 적외선의 복사가 가능하다. 이 두 물질은 모두 내광손상성($耐光損傷性$; 강한 빛에 견디는 성질)이 뛰어나므로 자신이 낸 빛 때문에 발광원이 파괴될 염려가 적다.

광통신을 종합적으로 뒷받침하는 기술은 현재 일본이 세계를 리드하고 있다. 자원이 적은 일본과 같은 나라의 장래를 담당할 산업으로서의 기대가 크다.

연달아 등장하는 새로운 소재

광통신 이외에도 투광성이 있는 세라믹스의 용도가 개발되고 있다. 앞에서 말한 알루미나가 빛의 투과를 방해하는 요인을 제거한 투명한 소재로, 규산염유리로서는 견뎌내지 못할 고속도로조명용 나트륨램프의 튜브로 사용되고 있다.

빛의 투과를 방해하는 요인에는, 빛을 흡수하는 불순물과 빛을 산란하는 계면의 두 가지가 있다. 후자의 경우는 다시 기공과 물질간의 경우와 불순물과 물질간의 경우로 나누어진다. 양쪽 다 굴절률이 다르기 때문에 빛이 산란되는 것이지만, 기공과의 경우인 쪽이 그 영향이 크다. 이들

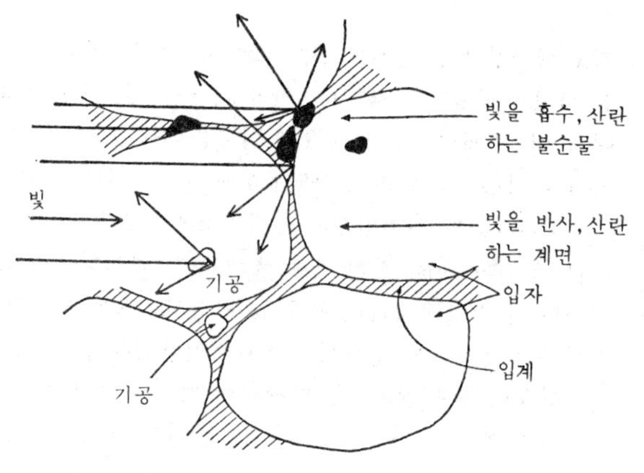

투광성을 방해하는 요인

요인을 제거하기 위해서는 불순물을 되도록 줄이고, 치밀하게 소결하기 위해 1 마이크론 이하로 입자의 크기가 균일한 원료 미립분말을 얻어내는 기술의 개발을 기다리지 않으면 안되었다. 현재는 알루미나 이외에 지르코니아(ZrO_2), 토리아(ThO_2) 등이 내열성, 내식성, 경질성에 투광성까지 겸비한 세라믹스로 만들어지고 있다.

앞의 투광성 세라믹스에 다시 다른 쓸모 있는 성질이 더해진 물질도 개발되었다. 티탄산 지르콘산납에 산화란타늄을 고용시킨 PLZT라 불리는 물질은 전압을 가하면 복굴절(複屈折)이 생긴다. 복굴절이란 방향에 따라 굴절률이 달라지는 것을 말하는데, 이를 포함하여 전압에 의해서 굴절률이 변화하는 성질을 전기 광학효과(電氣光學效果)라 한다. 이 효과를 이용하면 빛이 강해질수록 전압이 커

유용한 효과를 나타내는 세라믹스

효 과	물질명(화학조성식)
전 기 광 학 효 과	PLZT, 티탄산바륨($BaTiO_3$), 탄탈산칼륨($KTaO_3$) 니오브산리튬($LiNbO_3$), BNN($Ba_2NaNb_5O_{15}$)
음 향 광 학 효 과	실리카유리, 니오브산리튬, 비스무트 게르마늄 산화물($Bi_{12}GeO_{20}$)
비선형 광학효과	티탄산바륨, 탄탈산리튬, 니오브산리튬 BNN

지도록 연구함으로써 빛의 투과도(透過度)를 자동적으로 제어하는 고급 광셔터(light shutter) 등이 만들어진다.

또 초음파에 의해 빛을 회절하는 음향 광학효과(音響光學效果)가 있는 투광성 세라믹스도 있다. 초음파가 닿으면 물질 속에 성근 곳과 빽빽한 곳이 주기적으로 존재하게 되고, 이것이 회절격자의 구실을 하게 된다.

전기광학효과나 음향광학효과는 아이디어 하나로 유용한 사용법이 가능한 흥미있는 새로운 소재다.

결정 중에는 입사된 빛을 절반이 되는 파장으로 방사하는 것이 있다. 이 성질을 비선형 광학효과(非線型光學效果)라 하며 야간촬영(적외선을 가시광선으로 변환할 수 있다), 고온로(高溫爐)안의 조업상태의 파악, 적외 레이저광의 검출 등 여러 영역에서 새로운 눈의 구실을 하고 있다.

이들의 효과를 이용할 수 있는 것은 바로 세라믹스의 기본적인 특성, 즉 「내열성」「내식성」「경질성」이 뛰어나기 때문이다. 그런 의미에서 다른 물질은 도저히 세라믹스를 따라가지 못한다.

컬러TV는 세라믹스시대

　각종 에너지를 받아 빛으로 변환하여 눈에 보이는 형태로 하는 기능을 가진 물질을 형광체(螢光体)라 한다.　형광체에는 유기물질이 많으나, 내구성이라는 면에서는 역시 비금속 무기물질 쪽이 바람직하다. 그래서 여기서도 세라믹스가 판을 치고 있다. 형광체 중에서도 특히 중요한 것은 전자선(電子線)이 닿으면 가시광의 빛을 내는 TV용 브라운관에 사용되는 것일 것이다. 컬러TV에는 3원색인 청·녹·적의 빛을 내는 형광체가 사용되고 있다. 형광체에 사용되는 물질은 제작하는 회사에 따라 조금씩 다르다. 이를테면 청색에는 은, 염소를 함유하는 황화아연이 사용되고, 녹색에는 동, 금, 알루미늄을 함유하는 황화아연이, 붉은색에는 유로피움(Europium；Eu)을 함유하는 이트륨옥시설파이드(Yttrium oxysulfide：Y_2O_2S)가 각각 사용된다. 이 적색빛을 내는 형광체의 개발이 컬러TV의 성능을 향상시키는데 중요한 열쇠의 하나로 되어 있었다. 이 때문에 한 때 일본에서는 TV의 상품명에 「희토×××」, 즉 희토류(稀土類)화합물을 사용했다는 것을 나타낸 것이 많았다. 현재 사용되고 있는 형광체의 종류를 정리하여 다음 표에 나타내었다.

　이렇게 하고 보면 컬러TV의 브라운관의 중요부분은 온통 세라믹스로 구성되어 있음을 알 수 있다. 브라운관 자체가 유리인데다 페라이트와 여기서 소개한 여러가지 형광체--이것들이 모두 넓은 의미에서의 세라믹스인 것이다. 만약 영상 그 자체를 보내는 방법이 광통신으로　된다면 컬러TV야 말로 세라믹스시대를 맞이하게 될 것이다.

형광체의 종류

받는 빛의 종류	발 광 색	물질의 예	용 도
전 자 선	청 녹 적	$ZnS : Ag, Cl$ $ZnS : Cu, Au, Al$ $Y_2O_2S : Eu$	컬러TV
전 자 선	청 황	$ZnS : Ag, Cl$ $ZnS : Au, Al$	흑백TV
자 외 선	백	$Ca_{10}(PO_4)_6(F, Cl)_2$ $: Sb, Mn$	형광등
방 사 선	청	$NaI : Tl$	신틸레이터

컬러TV는 세라믹스 시대

3. 내열 강도재료로서의 세라믹스

내열합금을 넘어서

세라믹스의 기본적인 특성인 「타지 않는다」 「녹슬지 않는다」 「홈이 생기지 않는다」의 세 가지 장점을 가장 잘 살린 이용방법으로, 고온에서의 사용이 가능한 열기관용 재료를 만들고자 하는 시도에 세계 각국이 최대의 노력을 기울이고 있다. 일본에서도 다음 세대의 산업 기반기술 육성제도가 1981년부터 시작되어, 그 중요한 기둥으로 열기관에 쓸 수 있는 세라믹스를 개발하는 프로젝트가 있다.

열기관의 효율이 고온일수록 좋다는 것은 열역학이 나타내는 바이다. 그러나 현재 인류가 사용하고 있는 재료 중에서 고온에서 사용 가능한, 충분한 강도를 갖고 있는 것은 내열합금뿐이다. 사용한계온도도 약 1000℃ 까지이고 사용하고 있는 금속도 니켈, 코발트, 니오브 등 귀중한 원소이며 자원적으로도 큰 제약이 있다. 이에 대해 세라믹스 중에서도 열팽창률이 비교적 작고, 고온에서의 강도도 클 가능성이 있으며, 또 가벼운 물질인 질화규소(Si_3N_4) 또는 탄화규소(SiC)라면, 사용할 수 있는 온도도 1300℃ 정도까지는 기대할 수 있고, 자원적인 제약도 특수한 금속에 비교하면 훨씬 적다는 이점이 있다. 질화규소나 탄화규소가 갖는 이들 이점을 살리려는 기술은 앞에서도 말한 파인 세라믹스의 기술이다. 파인 세라믹스의 기술이 이들 내열강도재료(耐熱強度材料)로서 뛰어난 소질이 있는 물질을 완성시킨다고 하면 그 효과는 실로 클 것이다. 이들 세라믹스가 철의 시대를 종식케 하리라는 예측도 수긍이 가는 바이다.

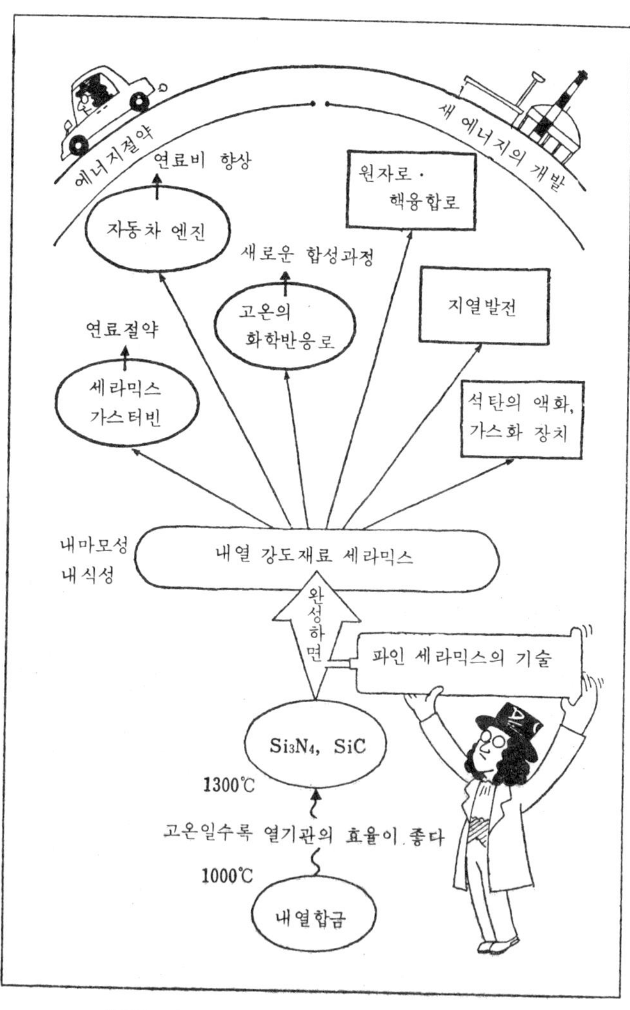

내열합금을 능가하는 세라믹스는 무엇을 가져올까 ?

세라믹스로 가스터빈을 만들면 연료를 종전에 비교하여 40%나 절약할 수 있다. 자동차엔진에서도 15～20%의 연료비가 절약될 것이라고 한다. 자동차엔진에서는 수냉(水冷)의 필요가 없어지고 또 엔진이 가벼워지는 장점도 있다. 고온의 화학반응로도 만들 수 있게 되고, 새로운 합성프로세스의 개발도 가능하게 된다. 원자로나 핵융합로, 또 석탄의 액화(液化) 또는 가스화장치, 지열발전(地熱發電)도 고온에서 내마모성(耐摩耗性) 및 내식성이 있는 재료를 필요로 하는 시스팀이므로 이들의 설계도 세라믹스 재료의 개발로 용이해진다. 에너지절약의 면으로도 또 새로운 에너지의 개발이라는 면에서도 내열 강도재료로서의 세라믹스가 연구되고 있다.

울세라믹스 엔진

한걸음 더 뛰어난 세라믹스로 전진하는 방법

그러나 현실문제로서 질화규소 또는 탄화규소를 이들 목적에 적합할 만한 재료로 만들어내기까지에는 아직도 많은 난관이 도사리고 있다.

우선 첫째로 이들 물질을 소고 또는 소결시키기가 지극히 곤란하다. 치밀하게 소결시키기 위한 방법으로서는, 소결조제(燒結助劑)를 사용하는 것과 소결과정에서도 압력을 계속하여 가해주는 핫 프레스(hot press)법이 있다. 전자에서는 가한 소결조제가 고온이 되면 융액(融液)이 되어, 원료분말을 적셔 소결이 촉진되나, 이들 조제는 고온이 되면 다시 융액이 되므로, 모처럼 소결시킨 것도 고온이 되면 급속히 강도가 저하되고 만다. 제 1 장에서 말했듯이 이렇게 되면 세라믹스의 특징인 「열에 강하다」는 기본적인 특성이 충분히 살려지지 못하게 되는 것이다.

한편 핫 프레스에서는 가열하면서 계속 가압하기 때문에 치밀하게는 소결되지만, 장치적으로 단순한 형상의 것밖에는 만들지 못하게 된다. 바라는 형상이 얻어지지 못한다면 재료로서의 사용가치가 없어진다. 덩어리를 만들고 난 후에 자르고 깎고 구멍을 뚫는 등의 가공을 하면, 일단은 소망하는 형상을 얻을 수 있을지는 몰라도, 본래 이들 세라믹스는 단단하다는 특성을 사용하려는 것이므로, 가공에 시간과 노력이 들어 실용적이 못된다.

소결조제를 사용하지 않고 바라는 형상의 질화규소 또는 탄화규소의 소결체를 얻는 방법에는 반응소결이라 불리는 방법이 있다. 이것은 규소분말을 바라는 형상으로 성형하여 질화 또는 탄화시키면서 소결시키는 방법이다. 질화의 경우에는 암모니아가스(NH_3), 탄화의 경우에는 메탄(CH_4) 가스 등이 사용된다. 소결조제가 사용되고 있지 않기 때문에 고온에서의 강도저하는 볼 수 없으나, 아무래도 핫프레스한 것만큼 치밀하게는 만들어지지 않기 때문에 강도가 작다.

어떤 방법이 세라믹스에서 고온의 열기관용 재료를 만드는데 가장 적절한가 하는 것은, 현단계에서는 결론을 내릴 수 없다. 각기 일장일단이 있으며 용도에 따라 제조방법을 선택해야 할지 모른다.

세라믹스의 약점

그런데 세라믹스의 강도(σ)는

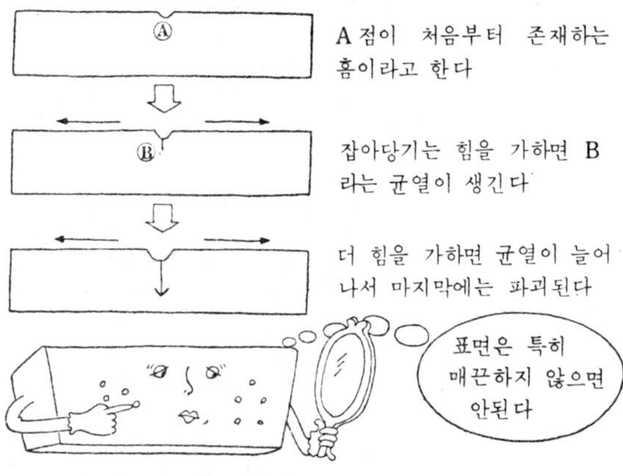

세라믹스가 파괴되는 모양

$$\sigma = \sigma_0 d^{-1/2} \exp(-bp)$$

라는 식으로서 나타내어진다. 여기서 σ_0은 상수, d는 소결체의 입자지름, b도 상수, p는 기공률(氣孔率)이다. 이 식으로부터 세라믹스는 미세한 입자로써 되어 있는 것일수록 강도가 크다는 것을 알 수 있다. 즉 소결과정에서 입자가 너무 성장하지 않을수록 좋다는 것과, 치밀할수록 강도가 크다는 것을 뜻하고 있다.

세라믹스의 최대의 난점은 깨어지기 쉬운 데에 있다. 어딘지 한군데 약한 곳이 있으면, 힘 특히 인장력(끌어당기는 힘)이 가해졌을 경우 그 곳에 균열이 생기고, 또 균열이 있으면 그곳이 가장 약한 곳이 되어 다시 균열이 퍼져나가 다른 곳이 아무리 강하더라도 아무 소용이 없게 된다. 특히 재료의 표면 부근에 약한 곳을 만들지 않는 것이 강한 재료를 얻는 데 불가결의 조건이라는 것을 알 수 있다.

약점이 되는 것은 홈, 큰 입자, 큰 기공이다. 강한 세라믹스를 만드는 데는 표면을 평활하게 하고, 치밀하고 작은 균일한 크기의 입자로 소결된 것을 만들 필요가 있다. 세라믹스가 얼마만한 힘에 견디낼 수 있는가를 자신을 가지고 보증하기 위해서는 이와 같은 홈, 큰 입자, 큰 기공을 결코 만들어서는 안된다. 세라믹스에서는 강도가 큰 것을 만드는 일도 중요하지만 약한 곳을 만들지 않는 것이 더욱 중요하다고 말할 수 있다. 약한 곳이 섞여들 염려가 있을 때, 어디까지 신뢰해야 될까하고 불안해지는 것은 당연한 일이다. 현재의 기술로는 아직도 약한 것이 섞여드는 일이 있다. 한 개의 좋은 물건을 만드는 기술은 이루어져 있지만 100만 개를 만들어서 모두 합격이라고 할 단계에

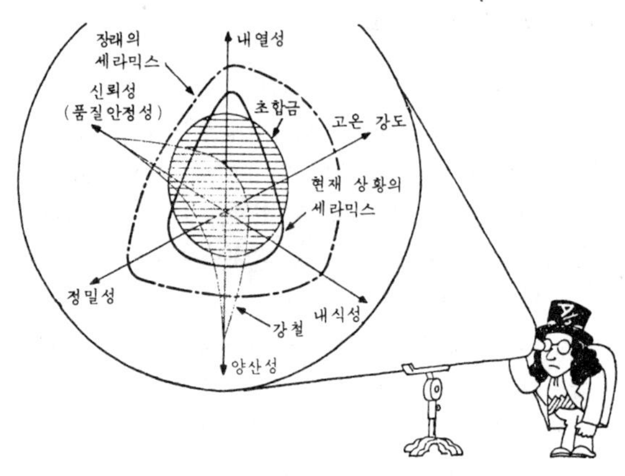

기계재료로서의 세라믹스의 미래

까지는 아직 도달하지 못하고 있다. 세라믹스로 만든 엔진을 실은 자동차가 언제쯤 달리게 되겠느냐는 질문을 자주 받곤 하지만 이에 대한 대답은 「시험차라면 벌써 달리고 있다. 그러나 양산차(量産車)라면 아직도 오랜 세월이 걸릴 것이다」라고 말할 수 있을 뿐이다.

탄화규소, 질화규소를 소재로 하여 세라믹스의 열기관을 만들려고 하는 연구는 이제 출발한지 10년이 지났을 뿐이다. 아직은 어떻게 다루어야할지 그 노우·하우가 축적되지 않았다. 그러나 10년 동안에 여기까지 온 것이다. 그렇게 생각한다면 세라믹스가 수천 년을 거쳐 온 철기시대에 종지부를 찍게 할 날도 그리 멀지 않을런지 모른다. 기계재료로서의 세라믹스의 미래도를 그려 보자.

4. 바이오 세라믹스

충치가 되지 않는 제3의 이

바이오 세라믹스란 bio 즉 「생(生)」에 관련된 세라믹스를 말한다. 열에 강하고, 약품에 침식되지 않고, 흠이 나기 어렵다는 특성은 얼핏 보기에는 「생물」과는 아무런 관계도 없는 듯하지만, 사실은 그렇기 때문에 더욱 「생물」에게 없어서는 안되는 것으로 되어 있다.

「생물」 중에서도 의학과 세라믹스를 관계짓는 것으로는 인공치근(人工齒根), 인공뼈와 같이 인체 속에서 단단하고 강한 기능을 갖는 부분을 대체하는 것과 체온, 심음(心音), 혈류(血流), 혈압 등을 측정하여 진단에 사용하는 것의 두 가지가 있다. 전자의 경우는 세라믹스가 체내에 이식된다 (이것을 inplant라 한다). 의료진단에 사용되는 세라믹스에서는 체내에 이식되는 것(pacemaker 등)과 체외로부터 간접적으로 측정하는 것이 있다. 어느 경우에도 인체에 해독이 되는 것이거나 적은 힘으로 파손되거나 해서는 곤란하다. 이 때문에 세라믹스의 특성 중에서도 「약품에 침식되지 않는다」「흠이 생기기 어렵다」고 하는 두 가지 점이 필요불가결하게 된다.

생물과 세라믹스의 관련에서는 효소반응의 담체(担体)로서 다공질 세라믹스를 들 수 있다. 필요로 하는 효소의 크기에 맞춘 구멍을 세라믹스로 만들면, 그 구멍에 효소가 포획(捕獲)된다(이것을 고정화라 한다). 이 다공질 세라믹스를 용액에 투입하면 효소반응이 시작되고, 끄집어내면 중단하게 된다. 세라믹스에 고정화(固定化)된 효소는 구

멍이 세균보다 작으므로 세균에 침범당할 염려가 없다. 구
멍의 크기가 변화하지 않고, 약품에 침식되지 않는다는 것
과 더우기 약간의 힘을 가하더라도 파손되지 않는다는 것
이 효소의 담체로서 필요 불가결한 성질이기 때문에 세라
믹스가 적합한 것이다.

　인공뼈 또는 인공치근으로서 요구되는 특성은 생체에
잘 적응할 것, 자극성 또는 독성이 없을 것, 부식하거나
붕괴하지 않을 것, 약간의 힘을 가하더라도 파손되지 않
을 것 등이다. 물론 이런 요구를 완전히 충족시켜주고 있
는 것은 본래의 뼈고 치근이지만, 일단 대용뼈 또는 대용
치근으로서 타협할 수 있는 범위의 성질을 갖는 것으로는
사파이어(알루미나 단결정), 알루미나소결체, 카본, 유리,

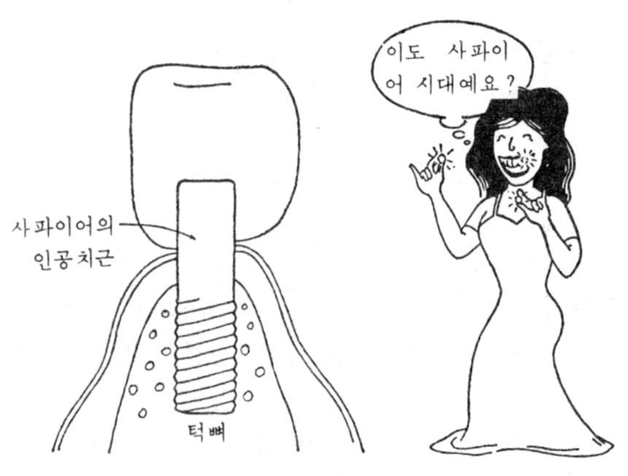

영구치에 잇는 제3의 이「인공치근」

아파타이트(Apatite, 인산 칼슘)등이 있다.

알루미나는 화학적으로도 안정하며 독성도 없다. 특히 사파이어는 상당한 힘을 주어도 파손되지 않는 강도를 지니고 있다. 매우 단단하여 힘들기는 하나 홈을 파거나 구멍을 뚫는 등 가공도 할 수 있고, 또 단단하기 때문에 바로 정밀한 가공도 할 수가 있다. 위의 그림과 같이 사파이어를 볼트(bolt)모양으로 만들어 하부를 턱뼈 안에 심고, 상부를 틀니를 끼울 때처럼 장전(裝塡)하면 거의 위화감을 느끼지 않을 만한 이가 된다고 한다. 이런 종류의 이를 유치(乳齒), 영구치에 이어지는 「제3의 이」라고 부르는 사람도 있다. 제3의 이는 자라지 않는다. ·그러나 충치도 되지 않는다.

생체와 기술의 공동제작

알루미나 소결체는 현재로는 사파이어보다 강도가 못하다. 소결체이므로 바라는 형상을 만들 수 있으나 치근처럼 큰 힘이 가해지는 곳에서는 쓸 수가 없다. 한편 뼈나 관절과 같이 형상이 복잡하고 큰 소재를 단결정인 사파이어로 만드는 것은 불가능에 가깝다. 이 경우는 알루미나 소결체 쪽이 훨씬 실제적이다. 카본도 만드는 방법에 따라서는 충분한 세기의 것을 만들 수 있지만 색깔이 검다는 점을 꺼리고 있다. 유리는 바라는 형상의 것을 만들기 쉽다는 이점은 있어도 사파이어와 비교하면 강도가 약하고 생체 내에서 녹아나는 율도 크다.

아파타이트(인산 칼슘)는 본래 생체 내에서 이라든가 뼈를 형성하고 있는 화학성분이다. 생체와의 친화성에 있어서는 이 물질만큼 뛰어난 것이 없을 것이다. 그러나 인공

적으로 아파타이트의 소결체를 만들었다 한들, 몸 속에서
자연적으로 만들어지는 이나 뼈에 비교하면 매우 약한 깃
이 되고 만다. 이나 뼈에서는 섬유소(纖維素)인 콜라겐이
아파타이트 속에 방직물처럼 짜넣어져 있어, 쉽게 파손되
는 것을 막아주고 있는데다 아파타이트의 입자도 인공물
에 비하여 미세하다. 나이를 먹으면 이나 뼈에 들어있는 콜
라겐이 경화(硬化)하고 아파타이트입자가 성장하여, 인공
적으로 만든 아파타이트의 소결체에 가까운 것으로 되며
그 결과 약하게 되는 것이다. 그러나 아파타이트가 생체와
어울리기 쉬운 특성을 이용하여, 강도가 큰 뼈를 만드는
다음과 같은 시도가 착착 실적을 올리고 있으므로 지금 단
계에서 아파타이트를 포기하는 것은 속단이다. 즉 먼저 인

뼈가 튼튼한 것은 아파타이트와 콜라겐이 협력하고
있기 때문이다

공적으로 만든 다공질의 아파타이트소결체를 결손된 뼈부분에 이식한 다음, 구멍부분이 자연히 메꾸어지는 것을 기다리는 방법이다. 다공질 아파타이트는 이 부분에 뼈를 만들어야 한다는 위치를 가리키는 것이 되고, 더우기 생체와는 친화성이 좋기 때문에 구멍을 메꾸도록 뼈가 성장할 수 있다. 성장한 뼈는 콜라겐섬유소를 함유하기 때문에 충분한 강도를 기대할 수 있는 셈이다.

인공뼈로서는 금속(특히 스텐레스)이나 플라스틱도 바라는 형상의 것을 만들기 쉽다는 이점이 평가되어 사용되고 있지만, 모두가 생체 내에서는 알루미나 등의 세라믹스와 비교하면 안정하지 못하다. 스텐레스로부터는 중금속이온이, 또 플라스틱으로부터는 유기물이 녹아나와 인접하는 세포가 괴사(壞死)하거나 암의 발생을 촉진할 우려가 있다. 이 때문에 설사 소망하는 형상의 것을 만들기 힘들다는 난점이 있더라도 독성이 없는 세라믹스를 개발하는 일이 절실히 요망되고 있는 것이다.

세라믹스 맥주는 맛이 있다 !

의료측정용(医療 測定用) 센서에도 많은 세라믹스가 사용되고 있다. 몸표면의 온도분포를 직접 접촉하지 않고 측정하는 데는, 감도가 좋은 초전성(焦電性)세라믹스가 사용되고 있다. 얻어진 상(像)으로부터 온도가 낮은 곳에서는 혈행장애(血行障礙)가, 또 높은 곳에서는 염증을 일으키고 있다는 것을 진단할 수 있다. 압전성 세라믹스(42p의 PZT 등)로 만들어지고 있는 초음파진동자를 사용한 초음파진단장치(CT스캐너)에서는 체내의 이물, 이를테면 종양, 결혈(結血), 경변부(硬変部) 등을 검출할 수 있다. 압전체

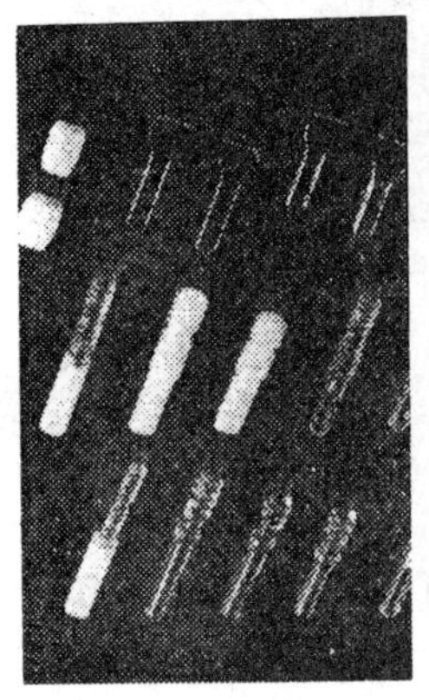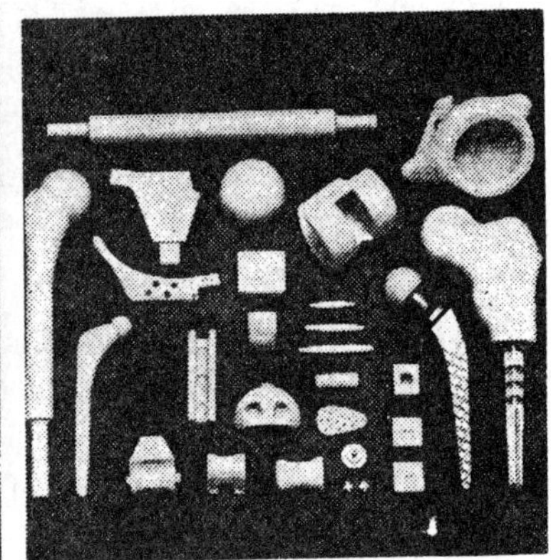

의료분야에서 활약하는 세라믹스(좌 : 치과 용, 우 : 인공뼈)

를 사용하여 심음계(心音計), 혈압계, 혈류계 등도 만들어
지고 있다.

피 속의 산소농도 측정도 채혈을 하지 않고서 할 수 있
게 되었다. 피부호흡에 의해 배출되는 가스는 피부표면 부
근의 모세혈관이 42℃ 이상이 되면 동맥 속과 같아진다는
성질이 있다. 취하거나, 운동을 하거나, 목욕탕에 들어가
거나 하면 피부가 붉어지는 것은 이 때문이다. 이 때 산소
센서를 피부에 접촉시켜 피부호흡으로 방출되는 가스를 분
석하면 된다. 환자는 주사바늘의 공포에서 벗어날 수 있
고, 의사는 즉석에서 결과를 알 수 있게 된다. 산소센서
에는 제 2 장에서 말한 것처럼 물론 세라믹스가 사용되고
있다.

또 피 속의 나트륨이나 칼륨이온의 농도도 위에서 말한

(69 p) 세라믹스 센서를 사용하면 간단히 알 수 있다.

세라믹스와 치료와의 관계는 더욱더 깊어지고 있다. 세라믹스로 만든 강력한 초음파를 집중시켜 치석(歯石)이나 담석(胆石) 등을 파괴시켜 제거하거나, 레이저로 충치를 깎아내거나 하는 무통치료가 가능해진다. 또 광파이버와 레이저를 결부시켜 만들어진 레이저메스는 어떤 메스보다도 예리하고, 더우기 균이 없기 때문에 출혈이 적은 깨끗한 수술을 할 수 있다.

의료방면 뿐만 아니고 식품업계, 특히 양조나 발효분야에도 세라믹스가 진출하고 있다. 내식성인데다 다공성인 세라믹스는 고정화 효소의 담체로서 사용될 뿐더러 여러가지 혼합물의 분리나 여과망으로도 이용된다

다공질 세라믹스로 걸러낸 맥주가 맛이 있다는 이야기도 주당들 사이에 번져가고 있다. 또 앞으로 기대되는 사용법으로는 인공신장이나 인공심장에서 혈액 속의 노폐물만을 흡착하여 혈액을 깨끗이 하는 데도 이용될 것으로 생각되고 있다.

제2차 석기시대 풍경 (5)

―철을 능가하는 세라믹스―

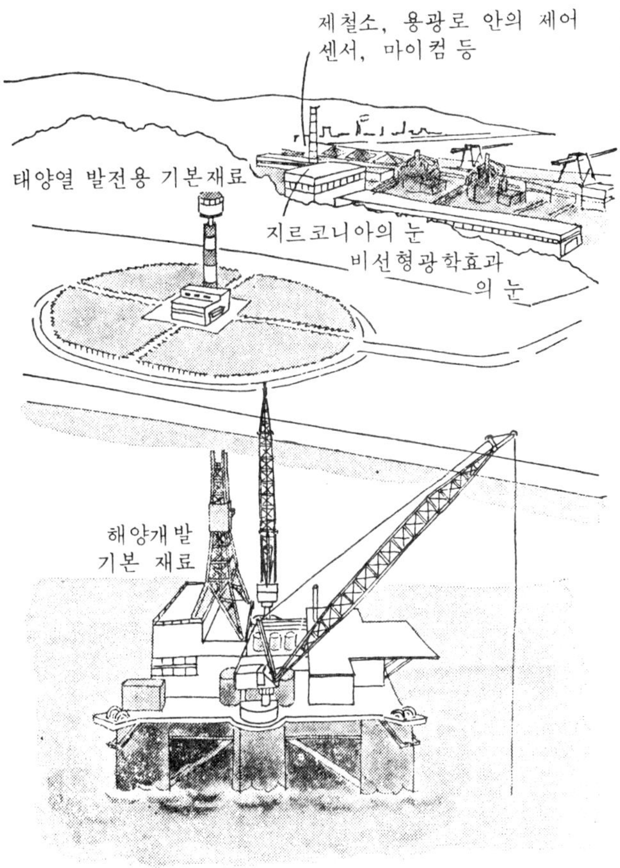

제 4 장
특성을 낳는
세라믹스의 구조

1. 원자와 이온의 충전상태

구조가 의미하는 것

세라믹스가 얼마나 뛰어난 특성을 가졌는가에 대해서는 제3장의 설명으로 충분히 알았으리라 생각한다. 그러나 어째서 그와 같은 특성을 나타내느냐고 하는 점에 관해선 아직 잘 이해할 수 없는 독자가 더 많을 것이다.

특성, 바꿔 말하면 물성(物性) 또는 기능은 거의가 그 물질의 구조에 의해서 결정된다. 그래서 제4장에서는 세라믹스의 구조를 해설하기로 하겠다.

그런데 구조라는 말은 학문의 분야에 따라서 여러가지 의미로 쓰여지고 있는 것 같다. 같은 화학 중에서도 유기화학에서 말하는 구조와 무기화학에서 말하는 구조와는 뉘앙스가 좀 다른 것 같고, 같은 무기화학 중에서도 기초연구를 하고 있는 사람과 응용연구를 하는 사람이 생각하고 있는 구조의 범위가 다르다. 세라믹스를 연구함에 있어서 생각하는 구조의 기본은 이온 또는 원자가 어떻게 충전(充塡)되어 있느냐는 것에 있다.

그런데 비금속 무기질 재료인 세라믹스에서는 일반적으로 큰 음이온의 틈새에 작은 양이온이 끼어드는 형태로 고체가 형성되어 있다. 양이온과 음이온간에서는 플러스와 마이너스가 전기적으로 서로 끌어당기기 때문에 강한 결합이 생기고, 이것을 이온결합이라 한다. 물론 세라믹스 중에서도 인접하는 두 개의 원자가 전자를 공유하는 형태의 결합, 즉 공유결합도 존재한다.

일반적으로 서로 다른 원소의 원자끼리의 결합은 이온결

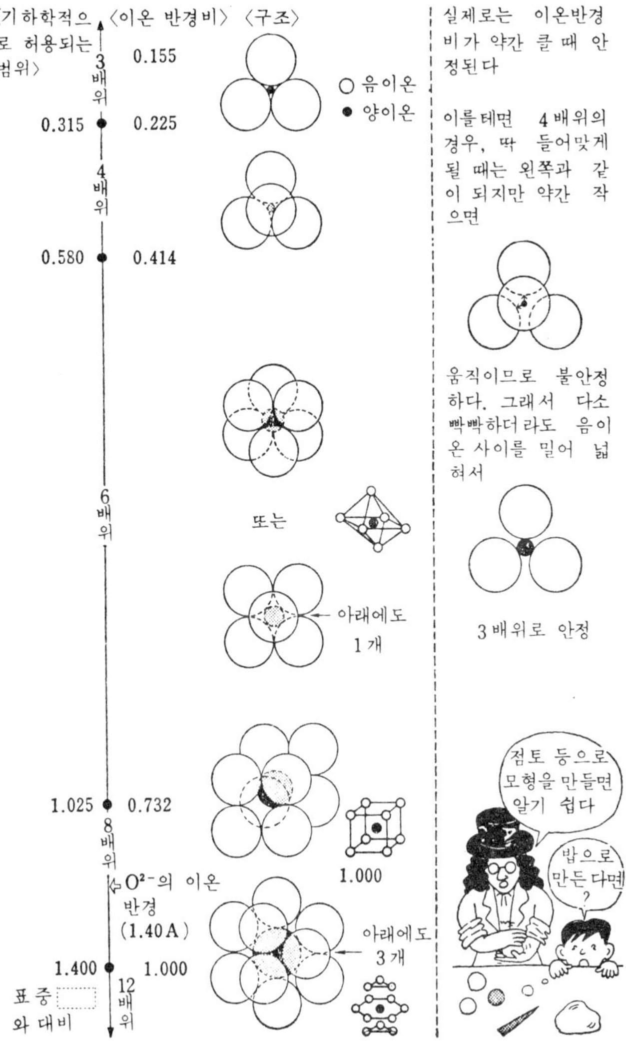
〈기하학적으로 허용되는 범위〉
〈이온 반경비〉
〈구조〉
3배위
0.155
0.315
0.225
4배위
0.580
0.414
6배위
또는
아래에도 1개
1.025
0.732
8배위
O²⁻의 이온 반경 (1.40 A)
1.000
1.400
1.000
12배위
아래에도 3개
표준 와 대비
음이온
양이온
실제로는 이온반경 비가 약간 클 때 안정된다
이를테면 4 배위의 경우, 딱 들어맞게 될 때는 왼쪽과 같이 되지만 약간 작으면
움직이므로 불안정하다. 그래서 다소 빡빡하더라도 음이온 사이를 밀어 넓혀서
3 배위로 안정
점토 등으로 모형을 만들면 알기 쉽다
밥으로 만든 다면?

이온 반경의 예
(작은 차례로 나타냄)   (단위는 $Å = 10^{-8}$ cm)

이온의 종류 \ 배위수	4	6	8	12
B^{3+}	0.22			
P^{5+}	0.33			
Be^{2+}	0.33			
Si^{4+}	0.40	0.47		
Al^{3+}	0.49	0.51		
Ge^{4+}	0.50	0.53		
Ga^{3+}	0.59	0.62		
Fe^{3+}	0.61	0.64		
Mg^{2+}	0.62	0.66		
Ti^{4+}	0.64	0.68		
Li^{+}	0.64	0.68		
Ni^{2+}	0.65	0.69		
Cr^{3+}	0.65	0.69		
Sn^{4+}		0.71		
Co^{2+}	0.68	0.72		
Cu^{2+}	0.68	0.72		
Fe^{2+}	0.70	0.74		
Zn^{2+}	0.71	0.74		
Zr^{4+}		0.79	0.82	
Mn^{2+}		0.80		
Sc^{3+}		0.81	0.84	
Yb^{3+}		0.86	0.89	
Y^{3+}		0.92	0.96	
Bi^{3+}		0.96		1.03
Na^{+}		0.97	1.01	
Eu^{3+}		0.98	1.02	
Ca^{2+}		0.99	1.03	
Nd^{3+}		1.04	1.08	
Eu^{2+}		1.08	1.12	
La^{3+}		1.14	1.18	1.23
Sr^{2+}		1.16	1.21	1.25
Ag^{+}		1.26	1.31	
K^{+}		1.33	1.38	1.44
Ba^{2+}		1.36	1.43	1.47

합과 공유결합 중의 어느 한쪽이라기 보다는 그 중간상태
에 있다. 그러나 세라믹스의 구조를 이해하는 첫걸음으로
서는 근사적으로 양이온과 음이온을 단단한 구(이를테면 구
슬튕기기놀이의 구슬)라고 생각하는 이온결합적인   관점을
인용하여 생각해 보기로 하자.

내열성을 지배하는 배위수

이온의 크기는 이온의 종류에 따라 다르다. 대표적인 수
치의 예를 아래 표에 표시하였다. 여기서 배위수(配位數)
라고 하는 것은 양이온이 몇개의 음이온 틈새에 들어가
있는가를 가리키는 수이다. 음이온구의 반지름을 1.00으로
했을 때, 3 개의 음이온 틈새에 딱 들어맞게 끼어드는 양
이온의 크기는 0.155이다. 4 개의 음이온일 경우에는 0.225
이고, 6 개라면 0.414, 8 개라면 0.732가 된다. 이 모양을
아래 그림에 나타내었다.

그러나 예를 들어 4 배위의 틈새에 꽉 차게 들어가는 것
보다 약간 작은 이온반경의 양이온은, 양이온과 음이온이
서로 끌어당기기 때문에, 4 배위의 중간에 안정하게 존재
할 수 없기 때문에 3 배위로 되어 음이온 사이를 약간 밀
어젖힌다(그림 참조). 이 상태는 다른 배위수에 대해서도
마찬가지이다. 따라서 3 배위가 안정한 것은 반경의 비가
0.155에서 0.225 사이이고, 4 배위는 0.225에서 0.414 사
이, 6 배위는 0.414에서 0.732 사이,   8 배위는 0.732에서
1,000 사이가 된다. 양이온의 크기가 음이온과 같거나, 보
다 클 때에는 12배위가 된다. 그러나 다른 요인으로 이 범
위를 벗어나는 일이 왕왕 일어난다.

일반적으로 이온반경비로부터 예상되는 배위가 실제로

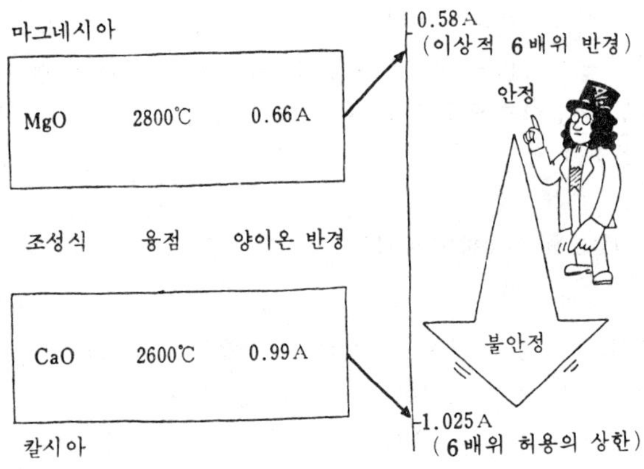

무리가 적은 쪽이 높은 융점

발생하고, 더우기 기하학적으로 허용되는 하한의 이온반경에 가까울수록 안정한 물질이라고 할 수 있다.

배위수와 물성과의 관계를 구체적인 예를 들어 비교해 보자. 먼저 양이온과 음이온의 수의 비가 같을 때, 배위수가 클수록 높은 융점, 즉 다시 말하면 내열성이라고 할 수 있다.

양이온과 음이온의 비가 1 : 1인 예에서는 4배위의 베릴리아(beryllia BeO)가 2400℃이고, 6배위의 마그네시아(magnesia MgO)가 2800℃이다. 또 1 : 2인 예에서는 4배위의 실리카(silica SiO_2)가 1700℃이며 8배위의 토리아(thoria ThO_2)가 3200℃가 된다. 같은 배위수로서 같은 양이온과 음이온의 비일 경우에는, 위에서 설명한 바와 같이 기하학적으로 무리가 작은 것일수록 융점이 높다. 이

예로서는 마그네시아(Mg^{2+}의 이온반경인 0.66A는 이상적인 6배위 반경인 0.58A에 가깝다)의 융점과 칼시아의 융점(2600℃)을 비교해보기 바란다. 칼시아 안에서의 Ca^{2+}의 이온반경 0.99A는, 6배위 반경으로서 허용되는 상한의 1.025A와 거의 같다(1A는 $10^{-8}cm$).

지르코니아를 안정시킨 이온

그런데 64페이지에서 기술한 지르코니아(ZrO_2)는 화학조성 상으로는 토리아(ThO_2)와 같은 8배위의 구조를 취하리라고 예상된다. 그러나 Zr^{4+}의 이온반경은 0.82A로 8배위의 이상적인 반경(1.025A)보다 상당히 작다. 이 때문에 8개의 산소이온의 꼭 중간에 존재할 수 없고 한쪽으로 기울어 버리고 융점도 토리아보다 낮아지고 있다(융점 2700℃). 순수한 지르코니아는 이 기울어지는 방법이 온도에 따라 다르기 때문에 체적변화가 하나의 직선이 되지 않는 것이다.

이 결점을 제거하기 위해 어떤 처리가 취해졌던가를 잠깐 상기하기 바란다. 안정화 지르코니아에는 Ca^{2+}와 Y^{3+}라는 다른 종류의 이온이 가해져 있었다. 즉 보다 안정하게 하기 위해서는 무리한 배위를, 다른 종류의 이온을 소량 가함으로써 안정된 배위로 바꾸어주면 되었던 것이다.

지르코니아에 가해진 이온은 Zr^{4+}보다 이온반경이 크고 원자가(原子価)가 작은 것으로서 결정구조는 토리아의 구조에 접근한 것이 된다.

다른 종류의 이온의 존재는 지르코니아에 이온도전성이라고 하는 아주 유용한 특질까지 가져다 주었다.

지르코니아뿐만 아니라 어떤 물질의 결정 속에 다른 성분이 끼어들 수 있을 것(이것을 고용 : 固溶이라 한다)인가 아닌가, 또는 어떻게 끼어들여지느냐 하는 것은 이온반경으로부터 대략 예상할 수 있다. 더우기 우연이 가져다 주고 있던 부가적인 특질도 현재는 그 결정구조에 대한 연구의 축적에 의해 인위적으로 연달아 만들어낼 수 있게 되었다.

산화아연에서는 양이온인 Zn^{2+}의 이온반경(0.74A)은 O^{2-}에 대해서는 6배위를 취하는 것이 타당한데도 실제로는 전자궤도의 안정성이라는 이유로 4배위의 결정구조를 취한다. 이 때문에 양이온과 음이온의 충전관계(充塡関係)는 이온결합적인 입장에서는 약간 무리한 것이 된다. 이 무리를 해소하는 방향, 즉 Zn^{2+}보다 작은 이온반경을 갖는 이온, 이를테면 Li^+(0.68A)는 끼어들 수 있지마는 큰 이온, 이를테면 Na^+(0.97A)는 끼어들 수가 없다. 마찬가지로 Al^{3+} (0.49A)는 끼어들여지지만 Bi^{3+}(0.96A)는 끼어들지 못한다. 결정에 끼어들 수 있느냐 어떠냐에 대해서는 이와 같기 이온반경으로부터의 고찰이 효과적이다.

산화아연에 Li^+가 끼어 들어가면 저항이 커지고, Al^{3+}가 끼어들면 저항이 작아진다. 그러나 산화아연에 산화비스무트를 섞어서 소성(燒成)한 것에서는 산화아연의 결정 속에 산화비스무트는 끼어들지 못한다. 더우기 산화비스무트가 산화아연보다 융점이 낮기 때문에 산화아연의 입자의 틈새를 산화비스무트가 메우게 된다(61p 참조). 이것이 위에서 말한 전압-전류특성이 특이한 바리스터의 성질을 나타내는 원인인 것이다(→제2차 구조. 117p).

산화비스무트는 산화아연 속으로는 들어가지 못한다

원자 또는 이온이 어떻게 충전되고 있는가 하는 것에 가장 영향을 받는 물성에 열전도(전열성)가 있다. 집적회로의 기판재료는 회로에서 발생한 열을 극력 제거하기 위해 전열성(傳熱性)이 필요 불가결한 특성이 된다는 것은 위에서 말한 바와 같다. 한편 발생한 열을 되도록 놓쳐 버리고 싶지 않을 때는 단열성이 좋은 재료가 필요하다. 열이 잘 전도되는 것은 양이온과 음이온의 수의 비가 1 : 1에 가깝고, 양이온의 질량이 되도록 작은 물질이다.

세라믹스 중에서 열전도성이 좋은 물질로는 산화베릴륨(BeO), 탄화규소(SiC) 등이 있고, 단열성이 좋은 물질로는 지르코니아(ZrO_2), 티탄산칼륨($K_2O \cdot nTiO_2$) 등이 있다. 집적회로 기판에 사용되고 있는 알루미나(Al_2O_3)도 열전도성이 좋은 물질이긴 하나, 양이온과 음이온의 수의 비가 2 : 3으로 1 : 1에 비교하면 약간 복잡하며, 이 몫만큼 열전도성이 나빠진다. 장래의 집적회로용 기판에 다이아몬드 또는 탄화규소가 기대되는 것도 알루미나보다 열전도성이 좋기 때문이다.

결정구조가 가장 영향을 미치는 물성으로서는 압전성, 강유전성, 자성 등이 있다. 이들에 대해서는 각각의 물성에 관한 설명에서 간단히 언급했으므로 자세한 논의는 다른 해설서에 맡기기로 한다.

2. 특이한 성질의 원인

결손·침입·치환

제 1 절에서 말한 원자 또는 이온이 충전되는 상태는 3 차원적으로 어디까지나 반복되는 것이 전제로 되어 있었다. 그러나 군데군데에서는 본래 충전되어 있었을 터인 것이 빠졌거나(결손), 삽입될 턱이 없는 곳에 들어 가 있거나(침입), 틀리는 원자 또는 이온이 들어가 있거나(치환) 하는 일이 있다. 이들의 구조적 결함을 「격자결함」(格子欠陷)이라 한다. 특히 치환형의 것은 미량의 성분이 결정 속에 고용(固溶)됨으로써 생기는 것으로 도전성에 큰 영향을 끼친다. 이 때문에 도전성을 미량성분의 첨가, 고용으로 제어하는 입장에서 볼 것 같으면 「고용」은 중요한 연구 테마로 되어 있다.

격자결함이 생겨 도전성이 변화하는 몇 가지 예를 살펴 보기로 하자. 먼저 앞에서 말한 산화아연의 예에서는 Al^{3+} 를 고용시키면 Zn^{2+}의 위치에 Al^{3+}가 치환한다. 2가(價)인 곳에 3가의 것이 들어가 버리므로 Zn^{2+}는 Al^{3+}가 들

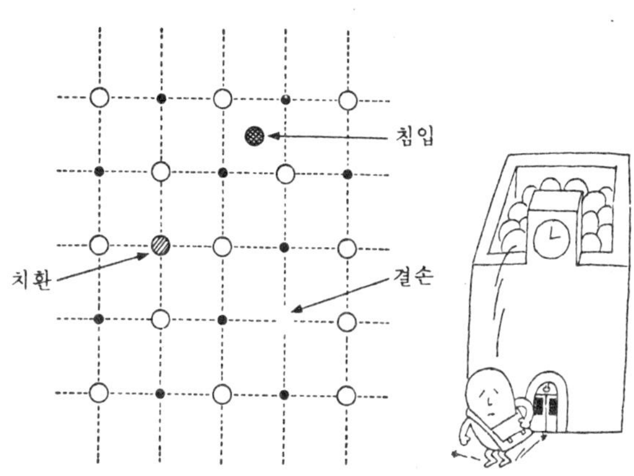

격자 결함의 세 타이프

어간 몫만큼 일단 1 가가 되지 않으면 플러스전하가 남게
된다. 1 가의 아연은 불안정하기 때문에 금방 2 가의 아
연 Zn^{2+}로 되는데, 이 때 결정 속에 전자를 방출한다. 이
전자가 도전성을 나타내는 것이다. 도전성을 얻은 산화아
연의 가루를 함유시킨 종이는 대전(帶電)방지의 구실을 한
다.

　Li^+의 고용은 Al^{3+}와 정반대의 효과를 준다. 이것은 모
처럼 결정 속에 방출된 전자가 Li^+ 때문에 포획되어 버리
기 때문이다.

　티탄산바륨에 미량의 La^{3+}를 고용시키면 도전성이 발생
하는 것도 비슷한 기구에 의한다. 즉 La^{3+}는　이온반경이
Ti^{4+}보다 Ba^{2+}쪽에 가까우므로 Ba^{2+}의 위치에　치환되어
고용한다. 여기서도 2 가의 위치에 3 가가 고용해 버리기

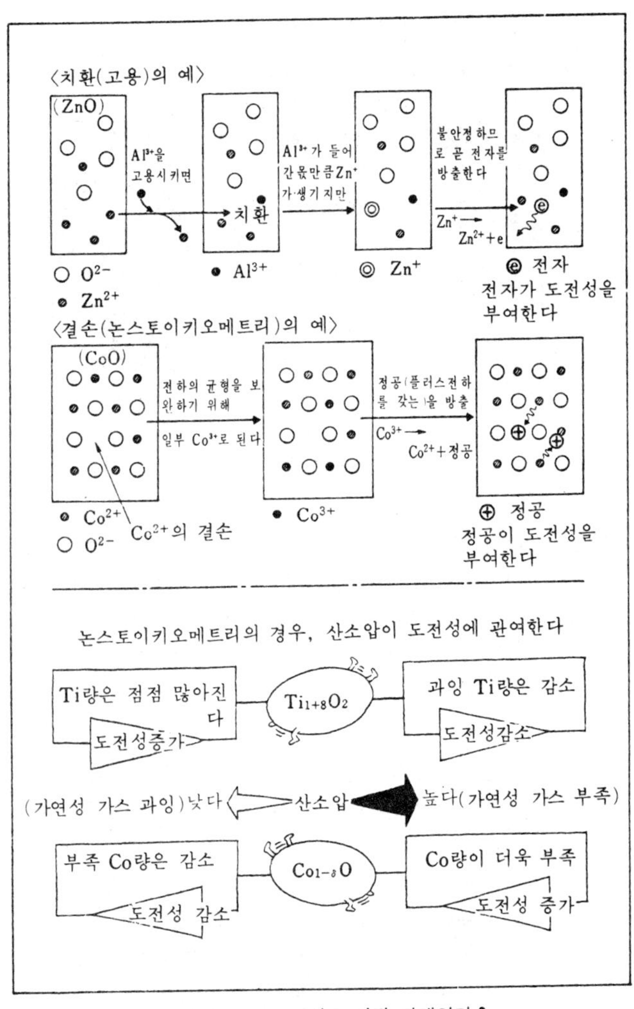

격자 결함과 도전성은 어떤 관계인가?

때문에 산화아연 때와 마찬가지로, 결정 속에 움직이기 쉬운 전자가 방출되게 된다. 이것이 53페이지에서 말한 반도성 티탄산바륨이다. 움직이기 쉬운 전자는 티탄산바륨의 결정구조가 변화하는 온도(상전이온도 : 相転移温度)보다 낮은 온도에서는, 소결체 전체 속을 돌아다니지마는 상전이온보다 높으면 소결체 속의 입계를 넘어서서 움직이는 것이 곤란해지고, 53페이지의 그림에 보인 바와 같은 온도와 저항관계를 나타내게 된다.

란타늄의 크롬산염($LaCrO_3$)에 산화스트론튬(SrO)을 고용한 것에서는 3 가인 Cr^{3+}의 위치가 일부 4 가의 Cr^{4+}로 된다. Cr^{4+}는 Cr^{3+}와 플러스전하를 갖는 정공으로 갈라지고, 정공이 결정 안을 돌아다님으로써 도전성이 된다.

산화아연, 티탄산바륨, 산화티타늄, 산화주석 등은 도전성의 원인이 마이너스전하를 갖는 전자에 의하므로 n 형 반도체라 불린다. 한편 란탄크로메이트에서는 도전성이 플러스전하를 갖는 정공에 의하므로 p 형 반도체가 된다.

논스토이키오메트리

산화티타늄(TiO_2), 산화코발트(CoO) 등에서는 양이온과 음이온의 비가 반드시 조성식(組成式)으로 나타내어지듯이 꼭 1 : 2 또는 1 : 1이 아니다. 이와 같은 물질을 논스토이키오메트리($Non-stoichiometry$)라 부른다. 산화티타늄에서는 양이온인 티타늄이 약간 많고($Ti_{1+\delta}O_2$), 반대로 산화코발트에서는 양이온이 부족하다($Co_{1-\delta}O$). 이 때문에 산화티타늄에서는 본래 Ti의 위치가 아닌 곳에 Ti가 침입한 형태가 되고, 산화코발트에서는 Co^{2+}의 위치에 Co^{2+}가 빠져 있다(Co^{2+}의 결손).

산화티타늄에서는 침입한 Ti에서 해리한 마이너스전하를 갖는 전자가 도전성의 원인이 된다. 이에 대해 산화코발트에서는 Co^{2+}의 위치가 결손되어 있기 때문에 일부의 Co^{2+}가 Co^{3+}로 되지 않으면 전하가 균형을 이루지 않는다. 그러기 때문에 Co^{3+}에서 방출되는 플러스전하를 갖는 정공이 도전성의 원인이 된다.

산화티타늄에 있어서는 과잉 Ti의 양은 산소압이 높아지면 줄어들고, 낮아지면 증가한다. 산화코발트에서는 코발트의 부족한 정도가 산소압이 높아지면 증가하고 낮아지면 감소한다. 이 때문에 산화티타늄에서는 마이너스전하를 갖는 전자에 의한 도전성은 산소압이 높을 때는 작고, 가연성 가스가 과잉하게 존재하는 따위의 산소압이 낮을 때는 커진다. 산화코발트에서는 도전성이 플러스전하를 갖는 정공에 의하므로, 도전성은 가연성 가스가 부족해 있을 때에 크고, 반대로 과잉일 때에는 작아진다. 이 현상은 자동차의 공기 대 연료의 비를 검출하는데 사용되고 있다.

결정에 미량의 성분을 고용시키는 것으로도 전자 또는 정공이 거의 생성되지 않고 원자 또는 이온의 결손, 또는 침입 이외는 일어나지 않는 경우도 있다. 앞에서 말한 지르코니아(ZrO_2)에 칼시아(CaO) 또는 잇트리아(Y_2O_3)를 고용시킨 안정화 지르코니아는 이것의 대표적인 예다. 이 경우 도전성의 원인은 이온이 움직이기 때문이다.

미량성분이 고용함으로써 도전성이 향상하는 물질과 지르코니아처럼 단지 고용에 의해서 이온도전성을 갖는 물질을 비교하여 아래 표에 표시하였다.

미량 성분의 고용에 의한 도전성의 향상 예

결정성분	첨가 미량성분	격자결함의 종류	응용 분야
ZnO	Al_2O_3	Zn^{2+} 의 위치를 Al^{3+} 가 치환	분말을 종이에 함유시켜 대전방지
$BaTiO_3$	La_2O_3	Ba^{2+} 의 위치를 La^{3+} 가 치환	반도성 티탄산바륨 더미스터, 헤어드라이어, 이불 건조기
TiO_2	Ta_2O_5	Ti^{4+} 의 위치를 Ta^{5+} 가 치환	물의 빛에 의한 전기분해용 전극
SnO_2	Sb_2O_5	Sn^{4+} 의 위치를 Sb^{5+} 가 치환	막을 유리 위에 만듬. 적외선 반사, 안개 끼지 않게 한 유리
$LaCrO_3$	SrO	La^{3+} 의 위치를 Sr^{2+} 가 치환 Cr^{3+} 의 위치가 일부 Cr^{4+} 로 된다	MHD전극, 저항 발열체

고용에 의한 이온 도전성

결정성분	첨가성분	생성격자결함의 종류	물성과 응용분야
ZrO_2	CaO	Zr^{4+} 의 위치를 Ca^{2+} 가 치환 O^{2-} 의 위치의 결손	산소 이온도전성 산소 가스센서
	Y_2O_3	Zr^{4+} 의 위치를 Y^{3+} 가 치환 O^{2-} 의 위치의 결손	
CaF_2	NaF	Ca^{2+} 의 위치를 Na^+ 가 치환 F^- 의 위치의 결손	불소 이온도전성
	YF_3	Ca^{2+} 의 위치를 Y^{3+} 가 치환 F^- 가 침입형 고용	
LaF_3	SrF_2	La^{3+} 의 위치를 Sr^{2+} 가 치환 F^- 의 위치의 결손 .	불소 이온도전성 불소 이온센서

제2 차구조 · 재료조직

　세라믹스의 물성 중에는 원자 또는 이온이 어떻게 충전되고 있는가, 또는 어떤 격자결함이 존재하는가 하는 것만으로는 결정될 수 없는 것이 많다.

　바리스터특성은 산화아연과 산화비스무트를 섞어서 소성(燒成)하더라도, 한쪽이 다른 쪽의 결정구조 속으로 끼어 들지 않고 입자는 산화아연, 입계 또는 입자 사이를 메우는 것은 산화비스무트라고 하는 특수한 구조를 만들기 때문에 나타난다. 지금까지 설명해 온 것과 같은 이온이나 원자의 충전 또는 격자결함과는 차원이 다르다는 의미에서 이런 것을 제 2 차 구조 또는 재료조직(材料組織)이

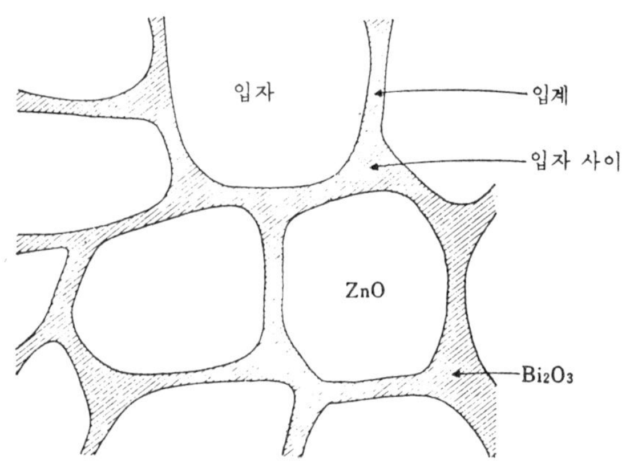

바리스터의 제2차 구조

고 부른다.

제2차 구조가 원인이 되어 나타나는 특성에는 산화아연 말고도 다음과 같은 것이 있다.

온도를 자동제어하는 반도성 티탄산바륨의 경우, 상(相)전이 전후에서 저항값이 크게 변화하는 것은, 입계 부근에 상전이온도 이상에서는 고저항인 부분이 나타나고, 상전이온도 이하에서는 없어져 버리는 현상에 의하는 것이다. 이와 같은 특성은 입계가 존재하지 않으면 나타나지 않는다. 더우기 설사 입계 부근의 성분만을 끄집어 내었다고 하더라도 이와 같은 특성은 얻어지지 않으므로, 입자를 구성하는 부분의 성분과의 상호작용이 필요 불가결하다는 것을 알 수 있다.

이 밖에 첨가한 미량성분이 입계 부근에 모여드는 예로는, 투광성 알루미나에 있어서의 마그네시아(MgO), 페라이트에서의 규산칼슘 등이 있다. 페라이트에서는 입계에 모인 규산칼슘은 절연성이므로 페라이트 입자간에 전기가 통하는 것을 막는다. 그러나 이 입계는 입차간의 자기적인 상호작용을 약화시킬 만큼 두꺼워서는 안된다.

A와 B를 섞었을 때 A만으로나 B만으로는 얻어질 수 없는 특이한 성질이 나타난다는 것은, 세라믹스가 갖는 커다란 가능성을 나타내고 있는 것이다. 더우기 A와 B와의 조합은 A 또는 B 단독인 수보다 훨씬 많다는 것은 당연한 이치다.

즉, 세라믹스에는 무한한 미개척 분야가 있는 것이다.

이 분야의 연구는 물질을 보는 기술이 향상한 데에 기인한 바가 크다. 전자현미경으로 입계의 구조를 알게 되고서야 비로소 인위적으로 입계를 조정할 수 있게 되었다.

120

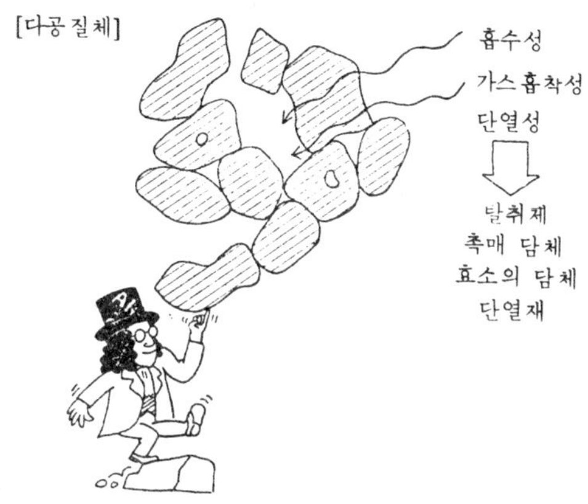

빈 데가 있으면 들어갈 수 있는 것은 당연한 일

그러므로 실용화는 이제 겨우 실마리를 얻었을 뿐이다.

지금까지의 특성은 주로 치밀하게 소결한 것에서 얻어진 것이다. 그런데 제2차구조가 되면 제2성분 이하는 아무 것도 없는 것, 즉 빈 「공간」일 수도 있다. 경석(軽石)과 같은 구멍 투성이의 재료인 다공질 세라믹스는 기본적인 특성 외에 경량이고, 가스흡착성, 흡수성, 단열성을 갖는다. 그 이용범위는 탈취제, 촉매의 담체, 효소의 담체, 단열재, 여과장치 등 다양하다.

다공질체의 단열성은 솜과 같이 섬유를 얽어서도 얻을 수 있다. 티탄산칼륨섬유, 유리섬유, 알루미나섬유 등이 단열재용으로 쓰이고 있다. 이것들은 플라스틱계의 단열재처럼 타버리지 않는다.

다공질체의 결점은 일반적으로 강도가 작다는 점이다. 구

멍의 존재를 극력 적게 하는 것이 단열 강도재료로서의 탄
화규소, 질화규소에 있어서 가장 중요한 과제의 하나인 것
도 이 때문이다.

제 2 차 석기시대 풍경(6)
—배기 가스가 없는 청정 주행—
태양전지가 붙었음
β—알루미나 농
담전지의 전기자
동차

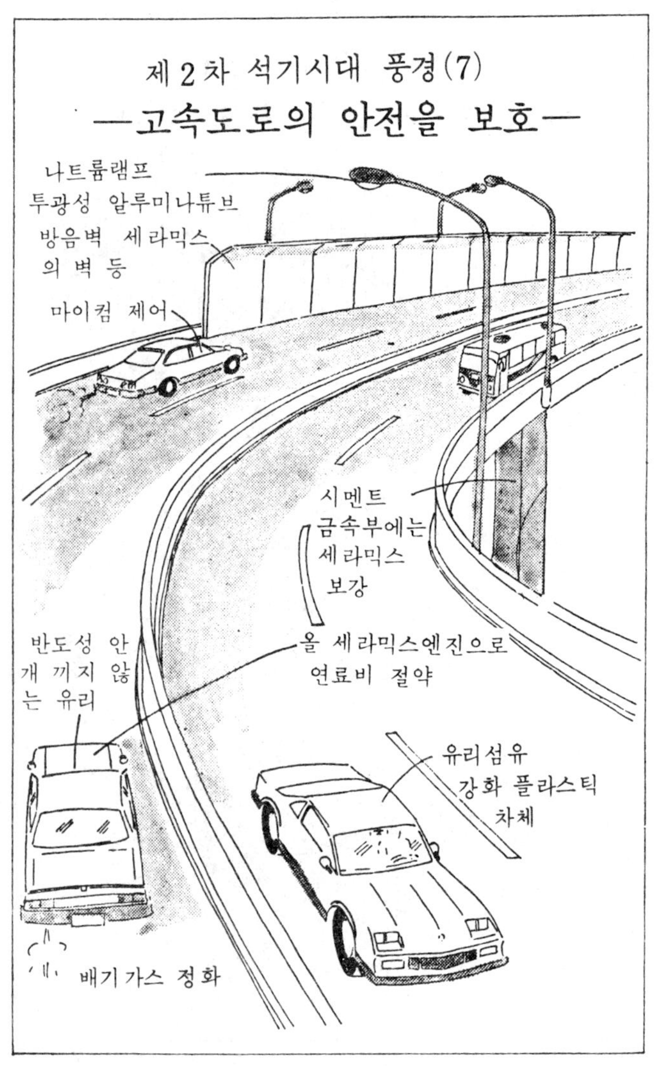
제 2 차 석기시대 풍경(7)
—고속도로의 안전을 보호—
나트륨램프
투광성 알루미나튜브
방음벽 세라믹스
의 벽 등
마이컴 제어
시멘트
금속부에는
세라믹스
보강
반도성 안
개 끼지 않
는 유리
올 세라믹스엔진으로
연료비 절약
유리섬유
강화 플라스틱
차체
배기 가스 정화

제 5 장
세라믹스를 만든다

　　물질이 쓸모있는 재료로서 사용되기 위한 조건을 지금까지 말해 온 이용방법으로부터 정리해 보면

　●물질이 본래 가지고 있는 뛰어난 특성을 사용할 수 있고, 더우기 이 특성이 사용조건 하에서 요구되는 최저한도의 시간을 지속할 것.

　●바라는 형상 및 구조를 필요한 정밀도로서 만들 수 있고, 더우기 이 형상이 사용조건 하에서 요구되는 최저한도의 시간 동안 변화하지 않을 것.

이라는 두 가지를 동시에 만족시켜야만 한다는 것을 알 수 있다.

　세라믹스의 경우 앞의 조건에 관해서는 거의 만점에 가깝다. 문제는 후자이다. 석기시대부터 계속되어 온 도자기 등의 제조기술은 파인 세라믹스를 계기로 하여 전혀 새로운 전개를 보이기 시작하고 있다.

　세라믹스의 특질을 충분히 살리는 데는 저마다의 목적에 가장 적합한 형상을 이상적으로 만드는 기술의 개발을 계속해 나가지 않으면 안된다. 세라믹스를 살리는 것도 죽이는 것도 기술에 달려 있다.

　제 5 장에서는 제조과정의 현황을 형태에 따라 해설해 나가기로 한다. 먼저 형태에 의한 특성의 차이와 기능과의 관계 및 어떤 형상을 만드는데 있어서의 득실을 표로 나타내면 아래와 같다.

세라믹스의 형태와 사용특성

물질명 형태	알루미나 (Al_2O_3)	(순)실리카 (SiO_2)	소다·석회 첨 가 실리카	안정화지르코니아 (ZrO_2, CaO 또는 Y_2O_3첨가)	다이아몬드 (C)
소결체	절삭공구, 내열 내식성 용기, IC기판, 나트륨 램프용 투명관	——	——	내화물, 산소 센서용 고체 전해질, 내열강도 재료 (엔진), 강인성 이 있는 칼날	절삭공구, IC기판
유리	——	내열·내식성 용기	판유리	——	——
분체	연마재	——		내화물	연삭·연마재
단결정	보석(루비, 사파이어), 고급IC기판	수정발진자· (압전체)		보석 (다이아몬드의 모 조품)	보석
다공질체	촉매·촉매담체	고정화 효소담체	——	——	——
박막	고급절연막	절연막	절연막	——	고급 IC기판
섬유	내열성 단열재, 금속과 의 복합재료	광통신용 파이버 단열재	단열재	단열재	——

세라믹스의 형태와 제조과정 상에서의 특실

형 태	장 점	단 점
소결체	● 거의 모든 물질은 원리적으로는 소결가능 ● 형상·치수 정밀도의 제어가 가능	●소결 조제의 첨가 때문에 물질 본래의 특성을 손상시키는 일이 있다 ● 소결에 의한 수축이 있다
유리	● 성형·가공이 용이하다	● 유리화 할 수 있는 물질의 종류가 한정됨
분체	● 모든 물질의 것이 얻어진다	● 용도가 한정된다(연마재, 자성미분, 시멘트 등) ●)형상의 임의성이 결여
단결정	●물질 본래의 특성이 충분히 발휘된다	●단결정화 가능한 물질이 적다 ● 형상의 임의성이 결여
다공질체	● 거의 모든 물질로 제조가능	●구멍의 지름 제어가 곤란
박막	● 거의 모든 물질로 제조 가능	● 과정의 제어가 곤란하므로 품질의 재현성이 나쁘다
섬유	●유기물의 형상을 쓸 수 있다	●물질의 종류가 한정된다

1. 소결체

원리는 석기시대 그대로

현대의 세라믹스의 기술적인 계보를 거슬러 올라가면 맨 처음에 토기가 있었다. 흙을 물로 반죽하여 형상을 만들고 가마 속에 넣어서 구었다. 이 원리는 현대의 세라믹스를 제조하는 과정에서도 거의 변함이 없고, 다만 원료의 대상이 흙에서부터 각종 물질로 확대되고, 성형방법이 이용법에 맞추어서 다양해졌을 뿐이다.

얼핏 생각하면 입자와 입자를 융합시키는 데는 입자를 구성하는 물질의 융점 이상의 온도로 가열할 필요가 있을 것 같으나, 실제로는 그 물질의 융점 이하에서도 입자의 융착(融着)이 일어난다. 이 온도는 물질의 융점을 절대온도(°K)로 측정한 것의 2/3 이상이면 된다고 한다. 이 2/3의 온도를 탐만(Tamman)온도라 부른다. 예를 들면 융점 2 050℃의 알루미나에서는 1280℃가 탐만온도이다.

다만 탐만온도의 한계점에서 입자간의 융착이 일어나는 것은 입자의 크기가 지극히 작은 경우이다. 그러나 입자의 크기가 너무 작으면, 이번에는 반대로 좀처럼 바라는 형상으로 성형하기가 힘들게 된다. 이 때문에 일반적으로 원료로서는 0.1 내지 1 마이크론 사이의 것(서브 마이크론)이 사용된다. 이 서브 마이크론의 입자의 지름을 갖는 입자가 융착하려면, 탐만온도와 융점의 중간 정도의 온도가 필요하다. 알루미나에서는 1600 ~ 1700℃의 온도에서 융착이 일어나며 치밀하게 소고된 소결체가 만들어진다.

마이크론 이상의 입자끼리를 융착시키기 위해서는 입자와 입자 사이에 보다 낮은 융점의 물질을 개재시킬 필요가 있다. 도자기의 경우 이 구실을 하고 있는 것이 장석이다. 입자의 지름을 작게 하기 이전에는, 이와 같은 성분, 즉 소결조제를 부득이 사용하고 있었다. 따라서 소결조재에 의한 성능의 열화(劣化)를 피할 수 없었다. 이렇게 본다면 파인 세라믹스의 제조는 높은 순도의 서브마이크론입자 및 탐만온도와 융점의 중간이 되는 고온, 이 두 가지 조건이 얻어진다는 전제하에 성립되어 있다고 말할 수 있다.

습식법과 건식법

그런데 서브마이크론입자를 원하는 형상으로 성형하는 방법에는 다음과 같은 것이 있다.

먼저 물이나 그 밖의 유동성이 있는 액체를 사용하는 습식(湿式)방법이 있다. 세라믹스의 분체원료(粉体原料)와 액체를 섞어 묽은 죽모양으로 반죽한다(이것을 이장 : 泥漿이라 한다). 이 이장을 석고 등의 흡수성을 가진 틀에 부어 넣는다. 틀에 접한 부분의 이장은 건조하여 유동성을 잃지만, 떨어져 있는 부분은 유동성을 그대로 유지하고 있으므로, 이 부분을 다시 흘러 나오게 할 수 있다. 이리하여 틀 안쪽에 적당한 두께를 갖는 소재가 만들어진다. 이것을 이장주입법(泥漿鑄入法)이라 한다.

유동성을 얻는 다른 방법에 열가소성(熱可塑性)플라스틱을 쓰는 법이 있다. 열가소성이란 상온에서는 단단하지만 가열하면 가소성(힘을 가하면 쉽게 변형하고, 힘을 제거하면 그 형상이 보전되는 성질)으로 되는 성질을 말한다. 세라믹스의 가루를 이 열가소성 플라스틱과 잘 반죽하고, 가열하여 틀에 눌러넣음으로써 원하는 형상의 성형체를 얻을 수 있다. 이 방법을 사출성형법(射出成形法)이라 한다.

130

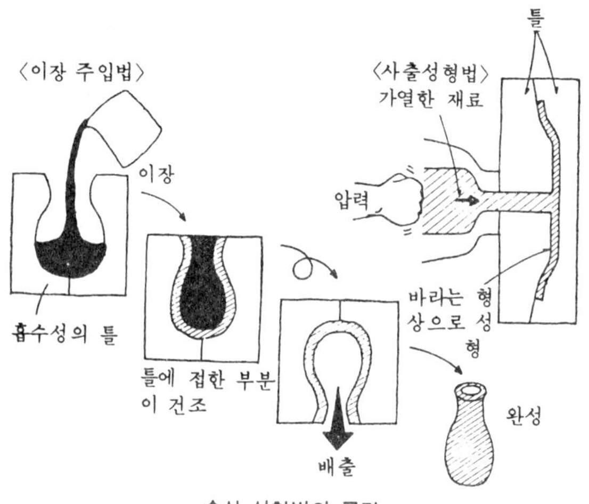

습식 성형법의 공정

　다음에는 세라믹스원료의 가루를 직접 틀에 넣고 가압하
여 성형하는 방법이 있다. 액체를 가하지 않으므로 건식
법(乾式法)이라 불린다. 가루가 틀 속에 되도록 빽빽하게,
그것도 균일하게 충전될 수 있도록, 가루를(은단 알갱이처
럼) 과립(顆粒)으로 하는 일이 있으며, 이 때의 결합제로
소량의 물이나 유기물(녹말, 알코올류 등)을 사용하는 일이
있다. 이 방법을 사용하면 지극히 치수의 정밀도가 좋은
성형체를 얻을 수가 있다. 다만 금형(金型)을 사용하여 가
압하는 방법에서는 압력이 한 방향으로만 걸리므로, 복잡한
형상을 만들려고 하면 입자가 그다지 빽빽하게 채워지지 않
는 곳이 부분적으로 생길 우려가 있다. 이와 같은 성형체
를 소결하면 금이 가거나 구멍(속이 빈 부분)이 생겨 버린
다. 이 때문에 금형의 설계, 가루의 충전, 압력을 가하는

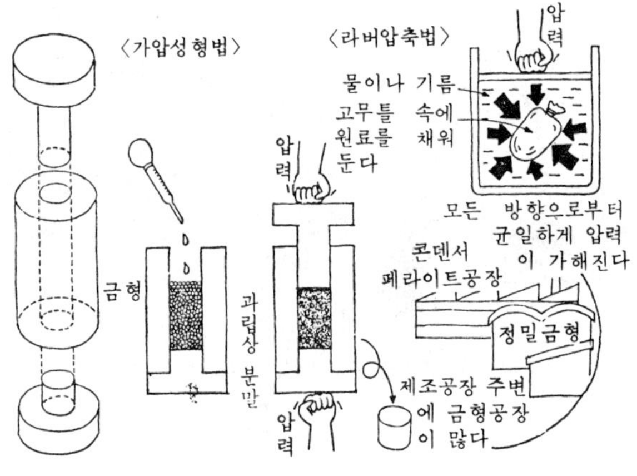

건식 성형법의 공정

방법 등은 고도의 지식과 경험이 필요하게 된다. 콘덴서나 페라이트와 같이 전자재료로 사용되는, 치수의 정밀도가 높은 세라믹스를 제조하고 있는 공장 주변에 정밀한 금형을 만드는 기업이 위치해 있는 것도 이와 같은 배경이 있기 때문이다.

성형할 때의 압력을 한 방향으로만이 아니고 모든 방향으로 골고루 미치게 할 목적으로 개발되고 있는 것이 라버프레스(rubber press)라 불리우는 것이다. 즉 고무주머니(풍선을 상상하기 바란다) 속에 원료입자를 충전하고, 공기를 뽑아낸 다음 고무의 바깥쪽으로부터 물 또는 기름으로 가압하는 것이다. 이와 같이 압력을 가하는 방법을 정수압(靜水压)이라 한다. 마치 깊은 바다밑에서 가압하고 있는 것과 같이 분체는 최소체적이 되도록 치밀하게 충전된

132

다. 이렇게 하여 성형된 것을 소결하면, 상당히 복잡한 형상의 것이라도 금이 가거나 바람집이 생기지 않는다.

가압성형과 소결을 병행하는 방법이 핫프레스(hot press)이다. 내열성인 틀에 세라믹스원료입자를 충전, 가압하여 온도를 높여 준다. 소결이 진행되면 수축이 일어나지만 지속적으로 가압되고 있으므로 다시 수축, 즉 소결이 진행된다. 핫프레스법을 사용하면, 다른 방법으로는 치밀한 소결체를 얻기 힘든 물질이라도 소결할 수 있게 된다. 새로운 연구 대상으로 선택한 물질의 소결을 시험하는 데에 가장 적합한 방법이지만, 유감스럽게도 현단계에서는 복잡한 형상을 만들 수가 없다. 장치가 비싸고 생산성이 낮다는 등의 이유로 공업적으로는 드물게 이용되고 있다.

당연한 일이지만 각각의 방법 중 장점만을 모은 성형법, 즉 핫프레스를 라버프레스처럼 정수압으로 하려는 시도가 최근에 급속히 추진되고 있다. 이 수법을 가리켜 HIP 라 한다(HIP 란 Hot Isostatic Press의 약칭이다). 이 경우 물이나 기름은 압력매체로서 사용할 수 없으므로 대신 불활성가스인 헬륨이나 아르곤을 사용한다.

소결 중에 얻어지는 특성

지금까지 말한 것과 같은 방법으로 성형된 소재는, 가마에서 열처리를 받아 입자와 입자의 융착, 즉 소결이 일어난다. 도자기를 제조할 경우에도 소성(燒成)분위기가 환원성(還元性)이냐 산화성(酸化性)이냐는 것이 중요한 인자가 된다. 특히 전자재료로써 사용되는 세라믹스에서는 특성까지 변화해 버리기 때문에 엄밀하게 분위기를 제어하지 않으면 안된다. 일반적으로 소결은 환원성인 쪽이 잘 진행된다. 그러나 환원성소결을 하면 페라이트와 같이 절연성이 요구되는 것이라도 반도성이 되어버린다. 이 때문에 처음에는 환원성으로 소결한 다음 산화성의 분위기에서 절연체화하는 2단계 소성법이 사용된다. 또 반도성 티탄산바륨 소결체(PTC 효과. →53p)에서는, 소결은 환원성 분위기에서 행하고 공기 중에서 냉각시킴으로써 입계만을 산화, 절연체화하는 수법이 사용된다.

소결을 진행시키기 위해 조제가 사용되는 일이 많은데, 도자기의 경우에 장석을 선택한 것과는 약간 다른 뉘앙스로 파인 세라믹스 또는 어드밴시드 세라믹스에서의 조제는 선택되어지고 있다.

이를테면 투광성 알루미나는 조제로서 마그네시아(MgO)가 사용되고 있다. 이 성분은 알루미나의 본체보다도 높은 융점을 갖기 때문에 소결 때, 기공(氣孔)이 빠져나가는 속도보다 입자의 성장속도를 작게 하도록 작용하므로 기공이 남지 않고 투광성이 얻어지는 것이다.

본래 조제는 주성분의 특성을 방해하는 것이었지만 최근에는 이와 같이 본체의 특성을 높여주고 있는 것이 많이 개발되어 세라믹스의 장래를 더욱 밝게 만들어 주고 있다.

그러나 자동차의 엔진 등에 사용될 것이 기대되고 있는 질화규소나 탄화규소와 같이 특성을 높여주는 쪽의 조제가 발견되어 있지 않은 세라믹스도 많이 있다. 믿음직한 단짝이 발견되어야만 비로소 세라믹스는 양산시대를 맞이할 수 있을 것이다.

「깨어지기 쉬움」의 극복

그런데 위에서 말한 것과 같은 방법으로 치밀하게 소결

한 세라믹스도 그대로는 충분한 치수 정밀도를 갖지 못한다. 표면을 평활하게 하거나, 홈을 파거나, 구멍을 뚫거나 하는 등의 정밀가공을 한 다음에야 겨우 한몫의 제품으로 되는 것이다.

이 때 세라믹스의 장점인「경도(硬度)」가 큰 문제가 된다. 깎아내는 양을 최소로 하지 않으면, 마지막 공정에서 비용이 너무 들어 손을 들게 되는 수도 있다. 핫프레스가 공업적으로 채용되기 힘든 것도 이 가공에 드는 손실이 방대해져버리기 때문이다.

그러나「단단하다」는 것은 일단 가공을 하여서 얻은 치수정밀도는 반영구적으로 유지될 수 있다는 것을 뜻한다. 금속과 같이 신축하기 쉬운 것은 힘을 가하면 변형해 버리고, 플라스틱 등의 유기화합물에서는 연하기 때문에 상처가 나버린다.

다이아몬드를 연마하는 데는 다이아몬드가루가 사용되다시피 세라믹스도 기술이 축적되어 더 많은 종류가 개발되면, 가공하는 세라믹스쪽도 보다 우수한 것이 만들어질 것이 틀림없다. 세라믹스로 가공한 세라믹스의 용기를 능가하는 것은 역시 세라믹스밖에 없을 것이다.

2. 유리

유리의 조건

유리라는 것은 이상한 물체이다. 고온이 되면 물엿처럼 끈적끈적한 유동체가 되어 늘이거나 접합시키거나 할 수 있고, 냉각하면 단단해져서 형상을 보전할 수 있는 일련

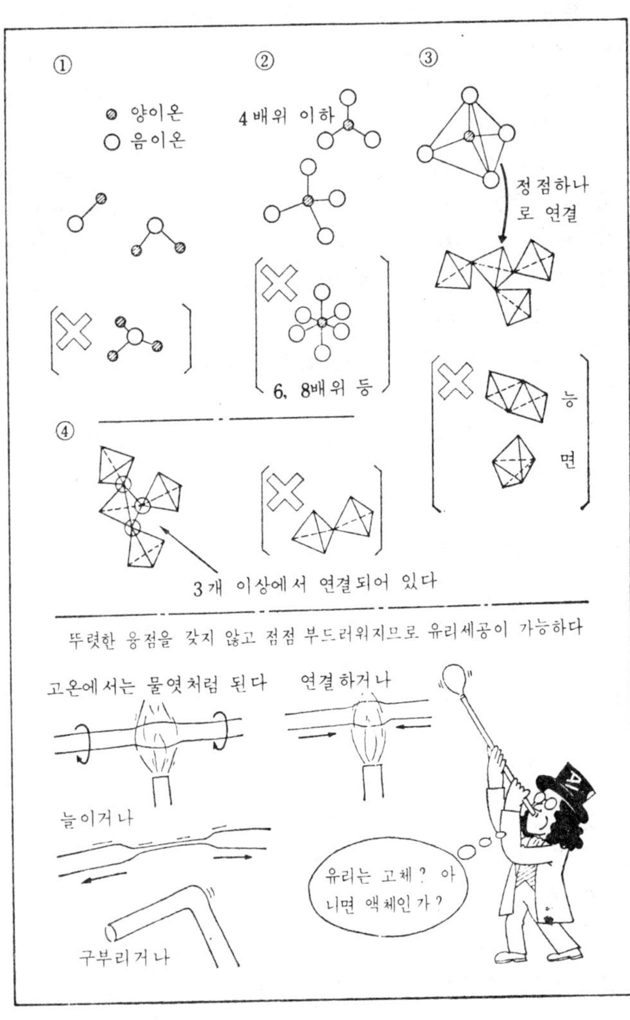

유리를 만드는 물질의 조건

의 물질군을 유리라고 한다. 유리를 만들기 위한 물질은 양이온과 음이온의 충전방법이 다음과 같은 조건을 만족시키는 것에 한정된다.

① 음이온이 1개 내지 2개의 양이온과 결합한다.

② 양이온이 음이온을 배위하는 수는 4를 넘지 않는다.

③ 양이온이 음이온을 배위하여 만드는 다면체(정4면체거나 평면삼각형)가 인접해 있을 때, 그 결합은 한 정점만을 매개(媒介)로 하여 일어난다. 두 정점, 즉 능(稜 모서리) 또는 세 정점, 즉 면(面)을 매개하여서는 일어나지 않는다.

④ 이 다각체는 세 정점 이상이 다른 다면체와 결합하여 3차원적으로 네트워크를 형성한다.

①에서 ④까지의 구조적인 요건을 충족시키는 물질에는 실리카(SiO_2)와 실리카에 소다(Na_2O)나 라임(CaO)을 가한 것, 또 실리카유리에 무수붕소(B_2O_3)를 가한 것 등이 있다.

실리카에서는 양이온인 Si^{4+} 주위에 4개의 산소이온 O^{2-} 가 배위한 정사면체가 기본구조이다. 이 4면체의 네 정점이 인접하는 4개의 4면체와 공유되므로 해서 3차원적인 네트워크를 형성하고 있다.

성형의 용이성에서는 유리가 으뜸

실리카유리는 불순물을 함유하지 않으므로 깨끗한 분위기를 요하는 제조프로세스용 용기를 만드는데 사용된다. 이를테면 IC의 제조프로세스용으로 없어서는 안된다. 그러나 순수한 실리카를 거품이 없는 투명한 융액(融液) 으로 하는데도, 또 원하는 형상으로 성형(유리세공)을 하는데도 2000 ℃이상의 고온이 필요하며 기술적인 난점이 많다. 이

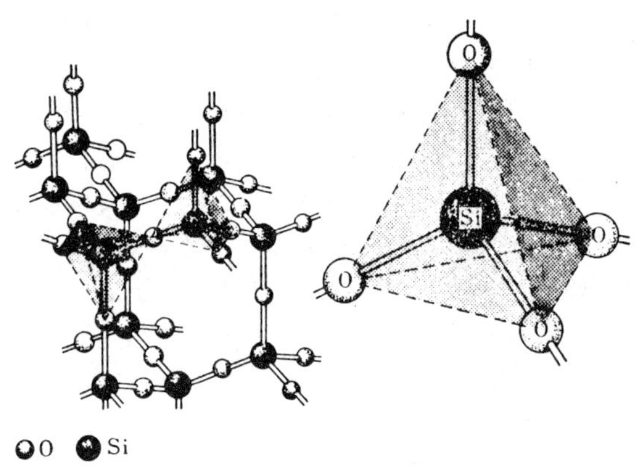

O O ● Si

실리카의 구조

때문에 실리카유리는 매우 값비싼 것이 되어 버린다. 그러나 극히 순도가 높은 실리카유리는 광통신용 섬유로서 많은 기대가 걸려 있으므로 그 제조기술에는 많은 인재와 시간이 투입되고 있다(78페이지).

실리카에 소다와 라임을 첨가한 것에서는 Si^{4+}와 4개의 O^{2-}로 만드는 4면체끼리의 결합이 순수한 실리카만큼은 강하지 못하다. 네 정점 중의 한 정점이 되는 산소이온은 가해진 소다의 Na^+나 라임의 Ca^{2+}와 느슨하게 결합하고 있을 뿐이다. 이 때문에 거품을 없애는데 필요한 온도도 1500℃, 유리세공의 온도도 1300~1400℃로 비교적 낮아도 된다. 즉 소다와 라임을 가하면 형상부여성이 얻어지는 셈이다. 다만 화학적으로는 실리카유리보다 불안정하여 물에 담가두면 알칼리성분이 녹아나오는 결점이 있다. 유리창 따위는 이 유리로 만들어져 있고 공업적으로도 가장 대량으로 생산되고 있다. 보통 유리라고 하면 이 소다와 라임을 첨가한 실리카유리를 의미하는 것도 이 때문이다.

이런 종류의 유리를 제조할 때의 최대의 문제점은 원료인 가루, 즉 소다회(탄산나트륨), 석회(탄산칼슘), 규사(실리카)를 섞어 거품을 함유하지 않게 될 때까지, 상당히 긴 시간을 계속하여 고온으로 가열하지 않으면 안되는 일이다. 이것을 하는 장치를 탱크가마라 부르는데 많은 열에너지를 요하기 때문에 용기로 되어 있는 내화물로부터 불순물이 녹아나올 가능성이 크다.

무수붕산을 실리카유리에 가한 것은 형상부여성이 확보되는 동시에 화학적인 안정성도 확보된다. 그러기 때문에 이화학(理化学)기계용의 유리로 사용할 수 있지만, 붕소는 소다나 라임에 비교하면 값이 비싸서 대량생산에는 적합하지 않다.

원하는 형상을 만들기 쉽다고 하는 의미에서 유리는 세라믹스 중에서도 특이한 위치를 차지하고 있다. 다만 유리가 될 수 있는 물질의 선택범위가 지나치게 한정되어 있는 것이 흠이다.

3. 가루

무엇이건 가루 만들기가 기본

세라믹스의 가루는 두 가지 의미에서 중요하다. 하나는 소결체의 원료로 사용되고 하나는 그 자체로 사용된다. 가루의 제조기술은 모든 세라믹스 제조에 있어서 기초가 된

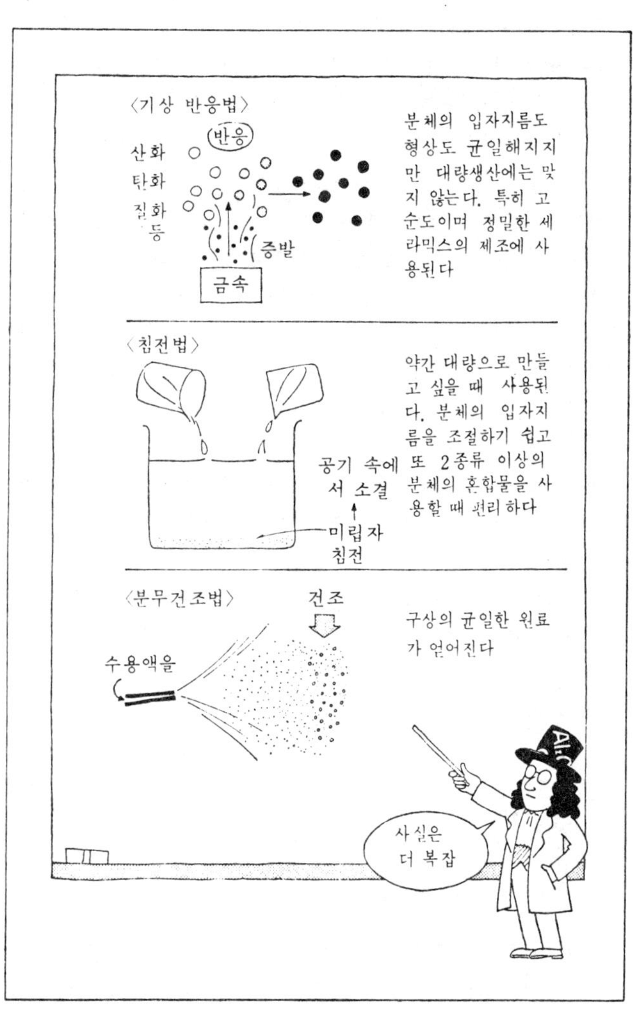

〈기상 반응법〉
반응
산화
탄화
질화
등
증발
금속
분체의 입자지름도
형상도 균일해지지
만 대량생산에는 맞
지 않는다. 특히 고
순도이며 정밀한 세
라믹스의 제조에 사
용된다
〈침전법〉
약간 대량으로 만들
고 싶을 때 사용된
다. 분체의 입자지
름을 조절하기 쉽고
또 2종류 이상의
분체의 혼합물을 사
용할 때 편리 하다
공기 속에
서 소결
미립자
침전
〈분무건조법〉
건조
구상의 균일한 원료
가 얻어진다
수용액을
사실은
더 복잡

여러가지 분말 제조법

다고 해도 지나친 말이 아니다.

소결체의 원료로서 사용되는 가루는 몇번이나 되풀이하여 말해 왔듯이, 서브마이크론 정도의 균일한 입자 지름을 가지며, 되도록 빽빽하게 충전되기 쉬운 형상[일반적으로는 구상(球狀)이 좋은 것으로 되어 있다]일 것이 요구된다. 서브마이크론의 입자지름을 갖는 세라믹스가루는 다음과 같이 하여 만들어진다.

하나는 기상반응법(氣相反応法)이라고 불리는 것으로, 금속을 고온에서 증발시켜 기상(氣相)에서 산화, 탄화, 질화 등의 반응을 일으켜 미립자를 안개모양으로 생성시키는 것이다. 이리하여 얻어진 분체는 입자의 지름도 균일하고, 어느 한쪽으로부터 힘이 가해지지 않기 때문에 구상이 되기 쉽다. 그러나 대량으로 만드는 데는 적합하지 않으므로 특히 높은 순도에서 정밀한 세라믹스가 요구될 때에 한해서만 사용되는 방법이다.

약간 대량으로 미립자를 제조하고 싶을 때는 수용액으로부터의 침전반응을 사용한다. 이를테면 황산제 2 철의 수용액을 가성소다로 중화하면, 수산화제 2 철의 미립자 침전을 얻을 수 있다. 수용액의 농도, 온도 등을 바꿈으로써 생성되는 침전의 지름을 조절할 수도 있다. 또 수용액을 분무기로 급속히 뿜어내면 안개의 상태 그대로 건조하게 되어 구상의 미립자가 얻어진다. 이것을 분무건조법이라 부른다. 이 방법으로 얻어지는 입자는 탄산염, 수산화물, 유기금속화합물 등이다. 산화물의 미립자를 얻는 데는 이들의 원료를 공기 중에서 가열하여 열분해시키는 방법을 취한다.

침전을 만들 때 미리 소정의 화학조성이 되도록 화합물을 만들어두면, 열분해를 하여 얻어지는 산화물이 두 종류 이상의 산화물을 섞어서 반응시킨 것과 같은 것이 된다. 두 종류 이상되는 물질의 가루를 균일하게 혼합하는 것은 지극히 어려우므로 이 방법은 매우 중요한 기술이 된다. 세라믹스 콘덴서의 재료인 티탄산바륨은 이 방법으로 만들어진다. 사용되는 것은 티타늄과 바륨을 1：1로 함유하는 유기금속화합물인 수산바륨티타닐로서 이것을 열분해함으로써, 티타니아(TiO_2)와 탄산바륨($BaCO_3$)을 섞어서 소성한 경우보다 저온에서 보다 균일한 목적물이 얻어진다.

세라믹스의 원료로서 이런 종류의 유기금속화합물의 중요성은 제품에 요구되는 특성이 고도화함에 따라 더욱 커졌다.

기술의 정수를 모은 자기테이프용 미세분말

세라믹스의 분체(粉体)의 형상, 치수가 그대로 제품의 특성에 영향을 미치는 대표적인 예가 자기(磁氣) 테이프용 γ－산화제2철이다. γ－산화제2철은 침상(針狀)의 미립자이며 더우기 입자지름이 균일하지 않으면 쓸모가 없다. 침상의 γ－산화제2철을 직접침전법(直接沈澱法)으로 만들 수는 없으므로, 먼저 황산제1철 수용액을 가성소다로 중화시키면서 산화하여 α－옥시수산화제2철로서 침전시킨다. 이것을 열분해하여 얻어지는 침상의 α－산화제2철은 아직 자기적 특성을 나타내지 않으므로, 이것을 일단 환원하여 자석이 될 수 있는 결정구조를 갖는 마그네타이트로 바꾼다. 이대로 자기테이프용의 침상미세분말(針狀微細粉末)로 사용할 수 있지마는, 마그네타이트는 도전성이 커서 고주파에서는 사용할 수 없으므로 자기테이프로서는 성

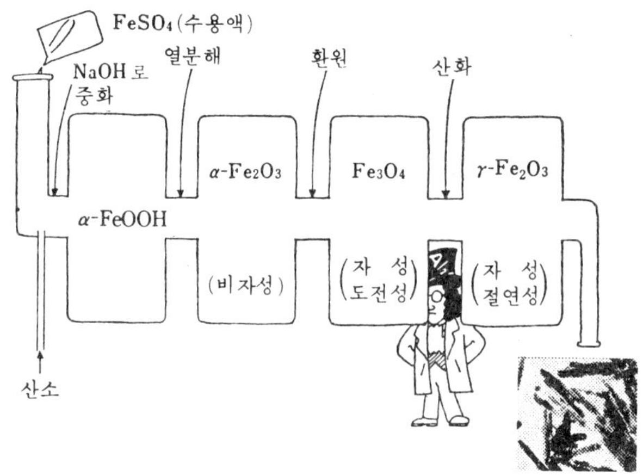

자기 테이프용 바늘모양의 미세한 가루는 4공정을 거친다

능이 좋지 않다. 따라서 다시 마그네타이트를 산화하여 γ −산화제 2 철로 하는 것이다. 이러는 동안 바늘모양을 한 형상이 허물어지지 않게 연구해야 하며, α −옥시수산화제 2 철을 침전시킬 때, 입자지름을 작고도 균일하게 갖추어 두지 않으면 안된다. 자기테이프용 원료를 제조하는 공정은 바로 화학기술의 정수를 모아 놓은 것이다.

4. 단결정

보석의 씨앗은 보석

단결정(單結晶)에는 소결체에 존재하는 입계(粒界)가 없다. 따라서 어느 부분을 취하더라도 균일하며 물질 본래

의 특성이 발휘된다. 단결정을 만드는 데도 많은 방법이
제안되고 있으나 그 중에서도 비교적 내열성, 내식성이라
는 성질을 살리는데 적합한 것을 택하여 설명하기로 한다.

먼저 물질을 융점 이상으로 가열하여 용융(熔融)상태로
하고, 융액을 냉각하는 과정에서 종자결정에 접촉시켜, 종
자 위에 고체를 석출시키면서 결정을 성장케 하는 방법이
있다. 이것을 용융법(熔融法)이라 부른다. 용융법도 기술적
으로 몇 가지 방법으로 분류할 수 있다.

첫째 방법은 화염용융법(火焰熔融法 : Verneuil법이라고도
불린다)이다. 원료의 미세한 분말을 씨앗결정 위에 쌓아
놓고, 그 부분을 불꽃으로 가열하여 용융시킨다. 씨앗결정
을 천천히 밑으로 이동시키면, 용융된 부분이 조금씩 냉각
되어 고체, 즉 결정으로서 씨앗결정 위에 성장한다. 알루
미나(Al_2O_2), 티타니아(TiO_2) 등, 높은 융점에서 단
단한 산화물의 단결정을 만드는데 적합하다. 알루미나에
아주 소량의 크로미아(Cr_2O_3)를 가한 것은 적색루비가 되
고, 티타니아와 산화철을 가한 것은 청자(靑紫)색 사파이
어가 된다. 타이타니아도 굴절률이 크고 잘 빛나기 때문에
보석으로 사용된다.

베르뇌유(Verneuil)법으로 만들어지는 단결정은 용기를
사용하지 않으므로 불순물의 혼입이 적다. 그러나 형상은
보울(boule)이라 불리는 막대모양이다. 이 때문에 원하는
형상으로 하려면 절삭(切削), 연삭(硏削), 연마 등의 가공
이 필요하다.

용융된 액면에 씨앗결정을 접촉시켜 씨앗결정을 천천히
끌어올리는 방법이 인상법(引上法 : Czochralski법이라 불린
다)이다. 이 방법으로 만들어지는 결정은 순도도 높고 변

〈베르뇌유법〉
〈수열법〉
원료 미세분말
저온
종자결정
(용해성분이
석출하여 단
결정이 성장
한다)
화염
용해성분
고
온도
저
용융상태
단결정이 성장
종자결정
용해
고온
〈쵸크랄스키법〉
종자결정을 중심으로
단결정이 성장한다
용액
〈EFG법〉 (틀을 써서 바라는 형상
으로 할 수 있다)
종자결정
단결정
틀
용액

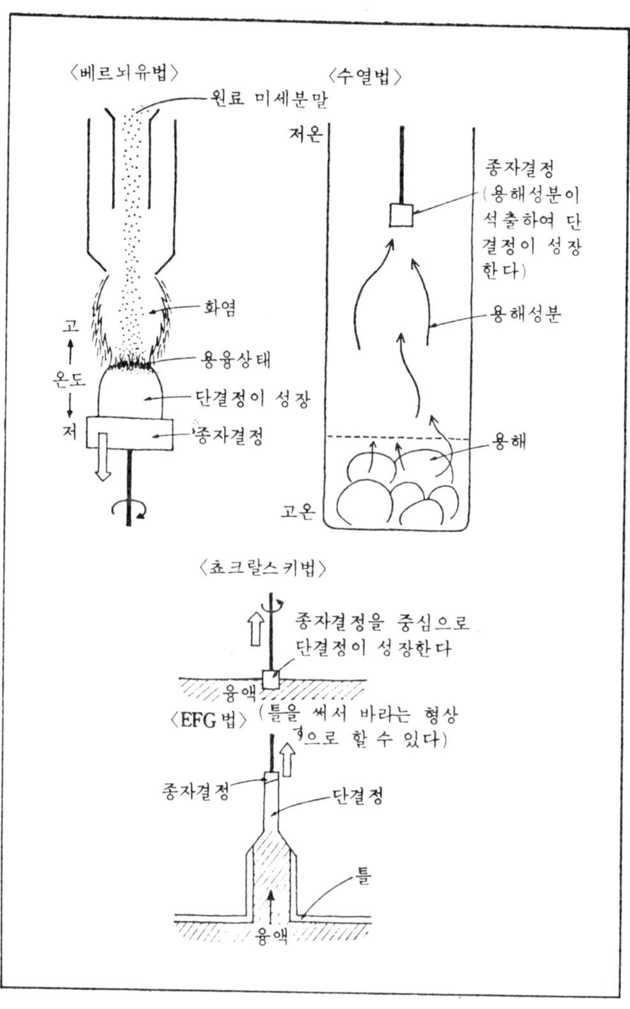

여러가지 단결정 제조법

형도 적은데다 큰 결정도 만들 수 있다. 그러나 단결정을
성장한 채로 사용하는 일은 드물며 역시 절삭, 연삭, 연마
등의 공정이 필요하다. 이 방법으로 단결정이 만들어지고
있는 물질에는 알루미나(Al_2O_3), 티탄산바륨($BaTiO_3$), 탄
탈산리튬($LiTaO_3$), 이트륨알루미늄가네트($Y_3Al_5O_8$) 등
이 있다. 이 중에서 탄탈산리튬은 박편(薄片)으로 잘라내어
표면탄성파소자(表面彈性波素子; 압전체의 응용, 46 페이지 참
조)로 사용되고 있다.

처음부터 단결정을 원하는 형상으로 제조하려는 목적으
로 개발된 것이 EFG(Edge defined Film Growth의 약칭)법
이다. 융액에 그림에 보인 것과 같은 융점이 높고 내식성
이 있는 금속으로 만들어진 틀을 얹으면, 모세관현상으로
액이 올라간다. 선단(先端)에 결정이 생성되도록 온도분
포에 차를 두면 금속틀의 형상 그대로의 단결정이 끌어올
려지게 된다. 이리하여 판자모양, 파이프모양, 필라멘트모
양, 막대모양 등의 단결정이 연속적으로 만들어진다. 이 방
법으로 단결정이 만들어지는 물질에는 알루미나(Al_2O_3),
GGG(가드리늄갈륨가네트, $Gd_3Ga_5O_{18}$), 규소(Si) 등이 있
다. 판자모양의 알루미나는 IC기판용으로, 파이프모양의
알루미나는 나트륨램프용 투광성 튜브로 또 판자모양의
GGG는 버블도메인(bubble domain)용 기판으로 사용되고
있다.

Autoclare에서 수정을 만든다

물에 대해 물질이 용해하는 성질을 이용하는 단결정 합
성법으로서는 수열법(水熱法)이 있다. 일반적으로 물에 대
한 물질의 용해도는 온도가 높을수록 크므로 용기 속에 온

146

도차를 두어, 고온부에서 용해한 성분을 저온부의 종자결정 위에 석출시킨다. 실온 부근에서 용해도가 작은 물질이라도 고온으로 하면 잘 녹게 된다. 보통 $350 \sim 400℃$ 의 뜨거운 물을 사용하기 때문에 수열법이라 불린다. 이 방법으로 단결정이 만들어지는 물질의 대표적인 것이 수정이다. 수정은 압전진동자(圧電振動子)로서 여러 방면에 사용되고 있는데, 특히 시계용의 것이 잘 알려져 있다(QUARTZ란 수정의 광물이름이다). 이 밖에 알루미나, 산화아연(ZnO) 등도 시도되고 있으나 수정만큼 공업적으로 중요한 것으로는 아직 되지 못하고 있다.

높은 융점의 물질을 물에 용해시키려면 고온의 열수(熱水)를 사용하지 않으면 안되고, 그렇게 되면 고압에 견디낼 수 있는 용기가 필요하다. 그래서 물 대신에 물질을 잘 용해하는 물질(용제 : 融劑)을 사용하여, 고온에서   융해하여 저온에서 석출시키는 방법도 생각되고 있다. 융제로서는 불화리튬(LiF), 산화몰리브덴(MoO_3), 무수붕산(B_2O_3), 탄산칼륨(K_2CO_3), 불화납(PbF_2) 등이 사용되고, 이 방법으로 단결정이 만들어지는 물질로서는 티탄산바륨($BaTiO_3$),   니오브산칼륨($KNbO_3$), 이트륨철가네트($Y_3Fe_5O_8$) 등이 있다.

5 . 다공질체

바탕과 그림의 관계

보통, 재료는 치밀한 형상으로 사용된다. 소결체에서도 되도록 치밀한 것을 만들려고 노력하고 있다. 그러나 한편

두 가지 뜻을 갖는 그림

에서는 재료의 틈(간극)을 사용하는 것도 있다.

게시탈트(Gestalt) 심리학에서 상징되듯이 그림이 두 가지 뜻을 가질 때, 그 어느 한쪽만에 착안하고 있으면 다른 한쪽의 형상은 알아채지 못하고 지나쳐 버리게 된다. 치밀성에만 집착하고 있었다면 구멍 투성인 재료 따위는 불량품으로 치고 버려졌을 것이다.

틈의 기능에 대해 생각이 미친 사람에게 그것은 뜻밖의 이용방법을 터 주었다.

틈은 여러가지 물질을 흡착하거나 걸러내거나 할 수 있다. 그 실용례는 119페이지에서 설명한 바와 같다.

다공질체를 제조하는 방법은 구멍의 크기에 따라서 달라진다.

첫째는 제오라이트(zeolite)처럼 결정구조 그 자체가 공동(空洞)을 갖는 물질을 인공적으로 합성하는 방법이다. 제오라이트는 알루미나규산염으로서 천연적으로도 산출되지

148

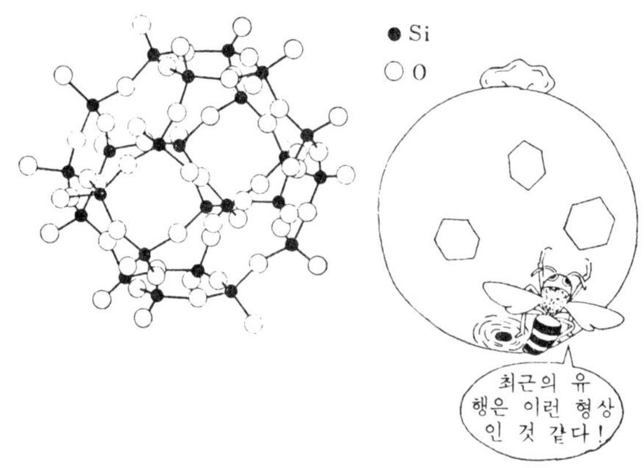

제오라이트는 결정구조 자체가 공동을 갖는다

마는, 열수에서 합성한 것은 구멍의 크기가 3~15A 로 균일하다.

다음에는 수화물(水和物), 수산화물, 탄산염 등을 가열 분해하여 산화물로 하는 것으로도 다공질체가 얻어진다. 촉매담체(觸媒担体)로서 가장 많이 사용되고 있는 활성알루미나는 알루미늄의 수산화물($Al(OH)_3$)을 열분해하여 만들어진 것이며 보통, 1 그램당 수백 m^2나 되는 표면적을 가지고 있다. 이 알루미나 수 10g의 표면을 전부 늘여놓으면 야구장만한 크기와 맞먹을 정도다. 그러나 구멍 하나의 크기는 고작 수십에서 수백 Å 정도다.

세라믹스의 원료가루를 소결시킬 때, 치밀해지는 중간단계의 것도 다공질체가 된다. 이렇게 하여 얻어지는 다공질체의 구멍의 크기는 약 1~10마이크론 범위이다. 다공질의 산화주석이 가연성 가스를 검출하는 센서의 모체로서 사용되고 있다는 것은 위에서 말한 바와 같다.

분자수준의 체치기

얼핏 보기에 균질(均質)하다고 생각되는 유리에도 완만한 성분의 분포가 있다. 특히 붕규산소다유리(SiO₂-B₂O₃-Na₂O의 세가지 성분이 들어있는 유리)에서는 비교적 실리카(SiO₂) 성분이 짙은 부분과 붕산소다(Na₂O와 B₂O₃) 성분이 짙은 부분이 있다. 이 중에서 붕산소다성분이 짙은 부분 쪽이 산에 녹기 쉽다. 따라서 농도차를 크게 하게끔 하는 열처리[이것을 분상(分相)처리라 부른다]를 한 다음 산처리를 하면, 실리카가 많은 부분만이 뼈대로 남고, 붕산소다가 모인 부분은 구멍이 된다. 분상의 열처리조건을 제어함으로써 구멍의 크기를 수십에서 수천Å로 크게 변화시킬 수 있다. 골격을 형성하고 있는 실리카는 내열성, 내약품성에 뛰어난 물질이므로 튼튼한 다공질체가 만들어지게 된다. 따라서 그 응용방법도 최근에는 여러 방면으로 시도되고 있다.

우선, 91페이지에서 말한 효소의 담체로서의 이용법이다. 담체에 포착된 고정화 효소는 원자로의 제어막대와 같은 역할을 하게 된다. 또 필터로서도 유효하다. 어쨌든 수소와 황화수소를 분리하는 따위의 분자수준까지 행하기 때문에 그 응용영역은 무한하다. 지열발전, 석탄을 가스화하는 경우의 가스분리, 또 바닷물의 맹물화 등에도 사용된다.

구멍 속에 모노머(monomer)를 함침(含浸)시킨 다음 중합(重合)시키면 무기와 유기의 복합재료가 만들어지므로 무기유리의 경질성과 유기유리의 강인성을 양쪽 다 살릴

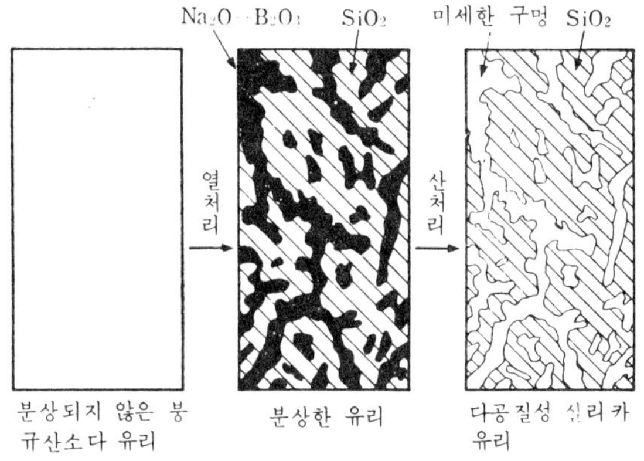

다공질 유리의 제조법

수 있다. 즉 무기유리의 취약성과 유기유리의 홈이 나기 쉽다는 결점을 문제시하지 않아도 되는 재료가 만들어진다.

첨단 복방망이

구멍을 직접 기계적으로 뚫는 수법도 있다. 그러나 목재에 끌로 구멍을 뚫는다면 구멍의 크기도 클 뿐더러 그리 깊이 뚫지도 못한다. 이에 대해 레이저광선이나 전자빔을 사용하면 1 마이크론 정도까지의 작은 구멍을 똑바로 뚫을수가 있다. 이 방법이라면 구멍의 위치를 설계한대로 결정할 수 있으므로 정밀가공기술의 앞으로의 발전이 기대된다. 이렇게 하여 만들어진 곧은 구멍의 용도로는 2 차전자배증관(二次電子倍增管)이 있다.

2차 전자배증관의 원리

2차전자배증관이란 그림에 보인 것과 같이 관 양끝에 높은 전압을 가한 상태에서 마이너스쪽으로부터 전자를 넣으면 부딪친 곳에서 1개의 전자가 수개의 전자를 방출하고, 이 수 개의 전자가 다시 각각 수 개의 전자를 방출한다는, 말하자면 기하급수적으로 늘어나는 회로다. 이것은 미약한 신호를 강한 신호로 증폭하는 소자로서 사용되고 있다.

다공질체의 용도로는 이 밖에도 단열재로서의 사용이 있으며 그 대부분은 섬유를 얽어서 만든다.

6. 박막

기체도 쌓이면 얇은 막이 된다

현대의 전자기술은 두께 수 마이크론의 박막(薄膜) 위에 얹혀 있다. 트랜지스터도 집적회로도 정밀한 패턴을 갖는 박막을 중첩시켜 만들어진다. 박막을 주류로 하는 전자기술에 적응하기 쉬운 것이 역시 박막이라는 것은 당연한 일일 것이다.

세라믹스로도 많은 박막이 만들어지고 있다. 가장 잘 쓰여지고 있는 박막의 작성법은 화학증착법(化學蒸着法; 약칭 CVD)일 것이다. 이 방법에서는 막으로 만들고 싶은 물질

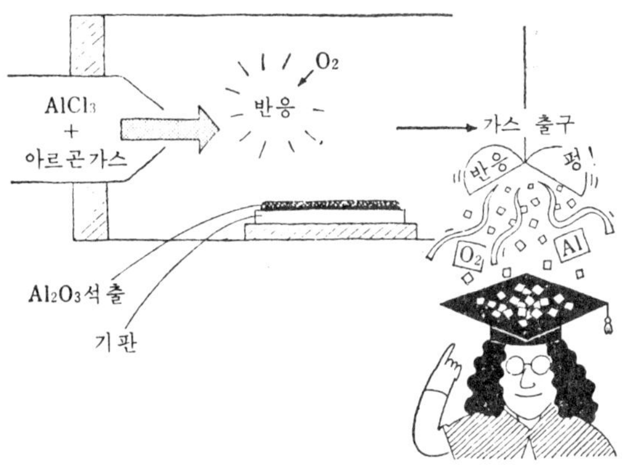

CVD법의 원리

의 구성원소를 기화(氣化)하기 쉬운 물질로 바꾸어 가스로서 수송하고 다른 가스와 반응시켜 생성되는 고체상을 기판 위에 쌓이게 하여 막으로 만드는 방법이다.

이를테면 알루미나(Al_2O_3)막을 만들고 싶을 때는 알루미늄을 염화물의 형태로 기상(氣相)으로 하고, 이 염화알루미늄($AlCl_3$)과 반응하지 않는 아르곤가스와 함께 정해진 위치까지 수송한다. 여기에 산소가스를 넣어 염화알루미늄과 반응시킨다. 그러면 알루미나의 지극히 미세한 입자가 생성되어 기판 위에 쌓여진다.

이것과 비슷한 방법으로 실리카(SiO_2)나 지르코니아(ZrO_2)의 박막이 만들어지며 기화하기 쉬운 가스와 반응가스의 종류를 여러가지로 바꿈으로써 질화알루미늄(AIN), 질화규소(Si_3N_4), 탄화규소(SiC), 니켈페라이트($NiFe_2O_4$) 등을 만들 수 있다.

이온이 충돌하면 무엇이 튀어나오는가?

최근 잘 쓰이게 된 방법에 스파터링법(sputtering)이 있다. 이는 이온을 고체표면에 충돌시키면 원자, 분자, 이온이 방출되는 것을 이용하여 이것을 기판 위에 받아 막으로 하려는 것이다. 흙탕물이 고인 곳에 돌을 던지면 흙탕물이 날라가 옆을 달려가고 있던 자동차에 들러붙는 것과 비슷하다.

최초에 충돌시키는 이온에는 아르곤이 자주 사용되고 충돌당하는 쪽의 물질로서는 각종 금속이 사용된다. 이대로라면 생성되는 막이 금속막으로 되어 버리기 때문에 가스 속에 산소를 혼입시켜 산화물을 만들거나, 암모니아를 혼입하여 질화물을 만들거나 한다. 이와 같이 반응하기 쉬운 가

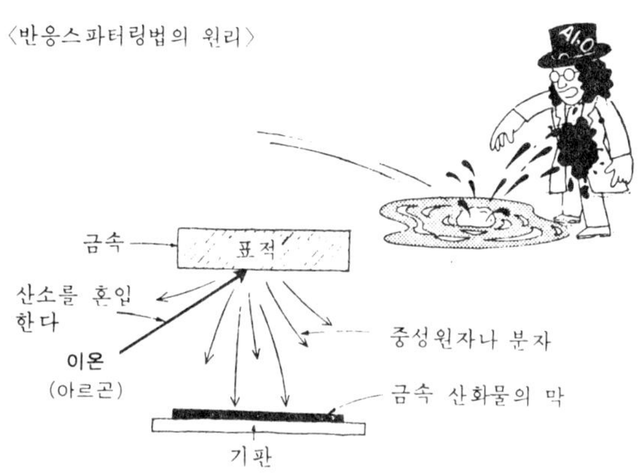

스파터링법은 **흙탕물이 튀는 것과 비슷하다**

스를 혼입하는 방법을 반응스파터링법이라 부른다. 물론 이온을 충돌시키는 재료는 처음부터 산화물이나 질화물을 써도 되지만, 이온을 충돌시킬 때에 생기는 온도상승 등으로 갈라져 버리는 일도 많으므로, 일반적으로 반응스파터링 방법이 채용된다. 스파터링법으로 만들어지는 박막에는 CVD와 마찬가지로 알루미나(Al_2O_3), 질화규소(Si_3N_4) 각종 페라이트, 니오브산리튬($LiNbO_3$) 등이 있다.

스프레이(spray)를 뿌려주는 방법으로 박막을 만들기도 한다. 열분해하기 쉬운 물질을 스프레이로 가열된 판 위에 뿜어대면 판 위에 막이 형성된다. 이를테면 염화주석($SnCl_4$)을 가열한 유리판에 뿜어대면 산화주석(SnO_2)이 박막으로 얻어진다.

이렇게 하여 만들어진 각종 박막의 용도의 일부를 들어

보면 절연체 피막(Al_2O_3 등), 내열·내식성 보호막(금속판 위에 코팅), 자기메모리(페라이트), 투광성 도전막(산화주석) 반사막(산화주석, 탄화티타늄, 불화마그네슘 등) 등이 있다.

7. 섬유

광파이버는 ppb의 순도를 요구한다

섬유의 형태로 사용되고 있는 세라믹스에도 여러가지 것이 있다. 먼저, 정보·통신 시스팀의 대혁명을 추진시키는 재료로 대단한 초고순도의 실리카(SiO_2)섬유가 있다. 섬유를 서로 얽어서 공간을 많이 만들어 단열재도 만들고 있다. 특히 세라믹스의 단열재는 내열성이 있으므로 가장 높은 온도에서도 사용할 수 있는 것이라 하여 중요시되고 있다. 플라스틱, 금속 등에 혼합하여 재료의 강도를 높이려는 시도도 몇 가지 성공한 예가 있다.

그러나 세라믹스처럼 형상을 부여하는데 어려움이 많은 재료도 따로 없다. 도대체 어떻게 하여 섬유형상을 만들면 될까?

우선, 실리카섬유인데, 어쨌든 고순도의 실리카유리의 덩어리(통상은 rod, 막대모양)를 만든 다음에 가열하여 연하게 변화시켜 늘이는 수밖에 없다.

고순도의 로드를 만드는 데는 고순도의 규소 화합물인 가스(이를테면 4염화규소)를 로드 위에 CVD법으로 실리카(SiO_2)로 하여 쌓이게 하는 방법(겉붙이기 방법)이 사용된다. 이 밖에 실리카로 만든 관의 안벽에 마찬가지로 실리카의 미세한 가루를 쌓은 다음 용융하는 방법(안붙이기 법)도

유리섬유

있다. 어쨌든 간에 이렇게 하여 만들어진 덩어리 또는 관
의 성분은 고순도 실리카이므로 유리로서 다룰 수가 있다.
즉 용융하여 연신(延伸)하면 섬유가 된다. 최근의 실리카
광학섬유는 순도가 지극히 높아 ppb 정도의 불순물도 문제
가 될 정도이다.

 ppb란 10억분의 1, 즉 전세계에서 단지 몇 사람밖에 없
다는 정도의 수치다. 이런 소수의 이단아(異端児)의 존재가
국제간의 트러블을 일으킨다고 비유해 본다면 사태의 중대
성을 알 수 있을 것이다.

 광파이버에 사용되고 있을 정도의 고순도는 아니더라도
섬유라는 점에서 보강재(補強材)나 단열재로 쓸 수 있는
것이 있다. 세라믹스 중에서는 역시 유리가 가장 형상부여
성이 뛰어나므로, 값이 싸고 대량으로 생산할 수 있는 섬
유로서 유리섬유의 역할은 매우 중요하다. 유리섬유는 유리

를 용융하여 백금으로 만든 용기바닥에 뚫은 작은 구멍(노즐)으로부터 점성(粘性)이 있는 액체로 끄집어내어, 급속히 냉각하여 고화시키는 방법으로 만들어진다. 구멍으로부터의 액체의 유출속도와 고화한 유리섬유를 말아내는 속도를 조절하면 섬유의 굵기를 임의로 결정할 수 있다.

유리섬유의 조성은 판유리에 비교하여 화학적으로 안정한 것이 사용된다. 즉 소다(Na_2O)나 라임(CaO)이 적고 특히 시멘트 등과 혼합하여 사용할 경우(GRC, 유리섬유 강화시멘트라 한다) 등에는 내(耐)알칼리성을 향상시키기 위해 지르코니아(ZrO_2)가 가해지고 있다. 유리섬유는 FRP(유리섬유 강화플라스틱)로서 배, 자동차 등의 경량(輕量) 강도재료에, 또 불연성(不燃性) 단열재로서 건축에 사용되고 있

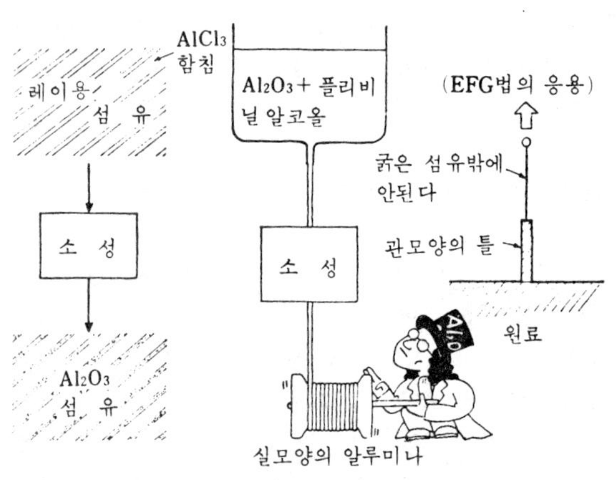

유리 이외의 실제조에는 약간 연구가 필요하다

다. 그 용도는 급속히 뻗어나고 있으며 10년 동안에 약 6
배에 달하고 있다.

세라믹스섬유는 금속을 위한 철근

유리만큼은 형상부여성이 좋지 않은 물질을 섬유화하
려는 데는 다소 연구가 필요하다. 알루미나의 경우를 살펴보
자. 먼저 레이용(인견) 등의 섬유화하기 쉬운 고분자재료
로 섬유의 형상을 만든다. 이 섬유에 알루미늄 화합물(이를
테면 염화알루미늄)을 함침(含浸)시켜, 섬유의 형상이 부셔
지지 않게 굽는 방법이 있다. 구움으로써 알루미늄 화합물
은 알루미나로 변한다. 이 방법을 약간 진보시킨 것으로서
염화알루미늄과 폴리비닐 알코올을 섞어, 점성의 유체(流体;
물엿상태)로 하여 이것을 실모양으로 늘인 다음, 형상이 허
물어지지 않게 소성하는 법도 있다. 어느 방법도 다 섬유
라는 형상은 유기물을 빌어 만들고 있다.

또 단결정의 제조법인 EFG법을 응용하여 섬유를 만들
수도 있다. 즉 관모양(管状)의 틀로부터 결정을 끌어 올리
면 연속된 섬유가 얻어지는 셈이다. 그러나 이 방법으로는
현재 굵은 섬유밖에 만들지 못한다.

탄화규소의 경우는 약간 다른 방법이 취해진다. 먼저 탄
소와 규소를 함유하는 유기고분자 화합물로 섬유를 만들고,
이것을 진공 또는 불활성가스 속에서 가열처리한다. 탄소와
규소를 함유하는 유기고분자 화합물로서는 폴리카르보시란
과 같이 규소(Si)와 탄소(C)가 번갈아가며 결합해 있는 고
분자가 사용된다. 이와 같은 유기고분자가 발견되면 다른
물질의 섬유도 합성이 가능해질 것이다.

알루미나, 탄화규소 등 내열성이 있고 더우기 강도가 큰

세라믹스섬유는 금속과 혼합하여 금속을 강화하며 그 용
도도 넓어지고 있다.

후기를 대신하여
─앞으로의 세라믹스 개발에의 제안 ─

정보화사회로 향하여 또 새로운 에너지 개발을 향하여 세라믹스의 활약이 이미 시작되고 있다는 것은 이 책의 여러 곳에서 지적한 바와 같다.

확실히 문명은 제2차 석기시대로 옮아가고 있다. 그렇다고 하여 그저 시간의 흐름에만 맡겨두고 있다면 밝은 미래의 도래는 늦어지기만 할 뿐이다.

천재아(天才兒) 세라믹스를 다루는 방법, 키우는 방법은 무척이나 어렵다. 여기서 다시 한번 세라믹스가 놓여진 환경을 딛고 서서 이제부터 어떻게 개발하여 나가야 좋은가를, 특히 연구하는 입장에서 제안하며 후기(後記)에 가름할까 한다.

일찌기 세라믹스는 빛을 못본 학문이었다. 세라믹스 또는 그 원류(原流)에 해당하는 분야의 연구는, 그것에 종사하는 소수사람들의 견실하고 끈질긴 노력에 지탱되어 매우 심오하고 정교하며 치밀한 체계로서 형성되어 왔다. 대상으로 삼는 물질이 규산염이고 기능으로서도 주로 구조적인 것, 제조방법도 도자기나 시멘트의 수법에 한정되고 있었던 것도 이와 같은 형태를 가능케 했었다.

그러나 이와 같은 학문체계는 거꾸로 다른 물질, 다른 기능, 다른 제조과정을 받아들이지 않는 배타적인 성질을 키워놓고 말았다.

그런데 현대의 세라믹스는 그 뛰어난 소질로 말미암아,

161

자꾸 다양화하여 이 학문체계로서는 대처할 수 없는 상태가 되었다. 어찌하건 얕은 것을 참고 견디면서도 넓게 연구하지 않으면 안되게 되었다.

이 변화에 대응하려 하여도 그것과 대결할 수 있는 인재가 매우 적고, 소수의 사람들이 많은 것을 몹시 고생고생하면서 생각하고 있는 것이 현상이다. 선진국들이 재빠르게 이 분야의 연구자층을 착착 충실히 키우고 있는데도 일본에서는 붐에만 들떠 있을 뿐 교육에까지는 아직 눈이 돌려져 있지 않다.

금속은 수천 년의 역사에 뒷받침된 인재의 육성체제가 확립되어 있다. 또 고분자는 고도성장기의 물결을 잘 타고 단기간 동안에 인재육성체제를 쌓아올렸다. 그것에 비교하여 현재의 이 합리화, 긴축화 무드는 세라믹스에만 한정되지 않고, 새로운 분야의 보강을 지극히 곤란하게 만들고 있다. 세라믹스 발전에 있어서의 최대 난관은 「인재육성·교육 따위를 하고 있을 여유가 없다」는 것이 세상의 실정일지 모른다.

기존의 기술을 지켜나가고 키우는 일도 소중하다. 그러나 미래를 위한 시간을 현시점에서 아까와하여서는 안된다. 세라믹스를 위한 새로운 기반구성은 지금 바로 하지 않으면 안되는 일이다. 그러나 세라믹스의 참된 발전을 위해서는 조급해서는 안된다. 특히 내열강도재료로서의 개발에는 세월과 방대한 노우·하우의 축적이 필요하다. 얕음을 극복하여 저력있는 학문으로 만들기 위한 심화(深化) 방향으로 끊임없는 노력의 길을 나아가는 많은 사람들이 필요하다.

세라믹스는 다종다양한 학문으로 기술과 관련이 있는 분

야이다. 그리고 급속히 변화하며 발전을 이룩하고 있다. 시야가 넓고 유연한 발상력을 가지며, 세라믹스에 애정을 갖는 인재를 찾고 있다.

저자는 마음 속으로부터 세라믹스를 사랑하고, 그것의 건전한 발전을 빌며, 그 소질을 충분히 발휘할 수 있게 미력을 다하고자 생각하고 있다. 이 책이 그것을 위하여 조금이라도 도움이 될 것을 바라고 있다. 마지막으로 원고를 정리하고 정서에 애써 준 비서의 가와지마(川嶋優子)양, 그리고 그림의 아이디어를 제공해 준 야마요시(山吉惠子)양에게 이 지면을 빌어 깊이 감사의 뜻을 표한다.

1982년 10월

야나기다 히로아끼

찾아보기

이 찾아보기는 이 책에서 해설된 주된 세라믹스를 정리
한 것이다. 소항목에 제시한 페이지수는 그 내용이 쓰여있
는 페이지를, 용은 용도의 약호이다.

〈ㄱ〉

규소 Si

　단결정의 제법　*146*

규화몰리브덴 $MoSi_2$

　용 저항발열체　*52*

〈ㄷ〉

다이아몬드 C(단결정)

　용 IC기판　*38*

〈ㄹ〉

란탄크로메이트 $LaCrO_8$

　용 저항발열체　*52*

　구조에 대하여(SrO고용)　*115*

〈ㅁ〉

마그네시아 MgO 산화마그네슘

　구조에 대하여　*108~109*

파인 세라믹스

-「마법의 도자기」의 과학적 탐구-　　　　　　B46

1985년　8월 15일　초판
2013년　8월 31일　중판

지은이 : 야나기다 히로아키
옮긴이 : 박순자
펴낸이 : 손영일
펴낸곳 : 전파과학사
주소 : 서울특별시 서대문구 연희2동 92-18
　　　　연희빌딩 204호
등록 : 1956. 7. 23 (제10-89호)
전화 : 02-333-8877 / 333-8855
팩스 : 02-333-8092

홈페이지 : www.s-wave.co.kr
전자우편 : chonpa2@hanmail.net

ISBN : 89-7044-046-1 (30570)

BLUE BACKS 한국어판 발간사

　블루백스는 창립 70주년의 오랜 전통 아래 양서발간으로 일관하여 세계유수의 대출판사로 자리를 굳힌 일본국·고단샤(講談社)의 과학계몽 시리즈다.

　이 시리즈는 읽는이에게 과학적으로 사물을 생각하는 습관과 과학적으로 사물을 관찰하는 안목을 길러 일진월보하는 과학에 대한 더 높은 지식과 더 깊은 이해를 더 하려는 데 목표를 두고 있다. 그러기 위해 과학이란 어렵다는 선입감을 깨뜨릴 수 있게 참신한 구성, 알기 쉬운 표현, 최신의 자료로 저명한 권위학자, 전문가들이 대거 참여하고 있다. 이것이 이 시리즈의 특색이다.

　오늘날 우리나라는 일반대중이 과학과 친숙할 수 있는 가장 첩경인 과학도서에 있어서 심한 불모현상을 빚고 있다는 냉엄한 사실을 부정 할 수 없다. 과학이 인류공동의 보다 알찬 생존을 위한 공동추구체라는 것을 부정할 수 없다면, 우리의 생존과 번영을 위해서도 이것을 등한히 할 수 없다. 그러기 위해서는 일반대중이 갖는 과학지식의 공백을 메워 나가는 일이 우선 급선무이다. 이 BLUE BACKS 한국어판 발간의 의의와 필연성이 여기에 있다. 또 이 시도가 단순한 지식의 도입에만 목적이 있는 것이 아니라, 우리나라의 학자·전문가들도 일반대중을 과학과 더 가까이 하게 할 수 있는 과학물저작활동에 있어 더 깊은 관심과 적극적인 활동이 있어주었으면 하는 것이 간절한 소망이다.

1978년 9월

발행인　孫 永 壽